今日人像

《今日人像》杂志社 编著

# 顶级影楼化妆造型圣典

（第1卷）

人民邮电出版社
北京

**图书在版编目（CIP）数据**

顶级影楼化妆造型圣典. 第1卷 / 《今日人像》杂志
社编著. -- 北京：人民邮电出版社，2013.7
ISBN 978-7-115-32101-5

Ⅰ．①顶… Ⅱ．①今… Ⅲ．①摄影－化妆－造型设计
Ⅳ．①TS974.1

中国版本图书馆CIP数据核字(2013)第129514号

## 内 容 提 要

  《今日人像》是国内知名的商业影楼人像杂志，本书集结了《今日人像》近年来数十位颇具影响力的化妆造型师和摄影师的最新力作。本书分为妆面、发型、主题等 3 章，对化妆、发型、造型的实操细节进行分析讲解，并且邀请了业界专家进行点评。根据商业摄影造型的特点，书中集中展示了多个主题的整体造型设计，让读者能够由浅入深地进行学习。更难能可贵的是，本书还集中了国内多名一线摄影师的摄影作品，充分展现了化妆造型的最终成果。

  本书适合商业影楼化妆造型从业者及影楼化妆学校的学生学习参考。

◆ 编　　著　《今日人像》杂志社
　　责任编辑　胡　岩
　　责任印制　周昇亮

◆ 人民邮电出版社出版发行　　北京市崇文区夕照寺街 14 号
　　邮编　100061　电子邮件　315@ptpress.com.cn
　　网址　http://www.ptpress.com.cn
　　北京市雅迪彩色印刷有限公司印刷

◆ 开本：889×1194　1/16
　　印张：15
　　字数：586 千字　　　　　　2013 年 7 月第 1 版
　　印数：1- 3 500 册　　　　　2013 年 7 月北京第 1 次印刷

定价：99.00 元
读者服务热线：(010)67132786　印装质量热线：(010)67129223
反盗版热线：(010)67171154
广告经营许可证：京崇工商广字第 0021 号

# （前）（言）

《今日人像》杂志是一本定位为专业、时尚的商业人像摄影杂志，是一本面向商业人像摄影从业者的专业性刊物。通过10年来的不懈努力，《今日人像》得到了业界的广泛认可，成为最具知名度和影响力的专业刊物。

近年来，化妆造型的发展在影楼行业的变革中起到了举足轻重的作用，它不仅要求从业者具备扎实的功底，还要对时尚潮流具有敏锐的观察力。风格的变化、技术的创新已经成为化妆造型师必须面对的挑战。

本书萃取《今日人像》杂志创刊8年以来有关造型的精华篇章，多角度、全方位地展示了化妆造型的实用方法和技巧。这里不仅有对活跃在业界第一线的化妆造型师们作品的个性解读，更有顶级造型大师对作品的精彩点评。每篇文章都是经过严格遴选而来，蕴含着《今日人像》编辑们慧眼独具的水准。

本书内容扎实，实操性强，是一本非常实用的化妆造型指导手册。书中对造型基础与技巧的讲解内容丰富，对技术点的介绍注重细节体现，具有很强的指导及实用价值，读者完全可以即学即用。本书特别适合人像摄影领域造型师阅读，可提升自身审美修养，同时，也适用于化妆造型学校作为教科书使用。

本书在编辑出版的过程中，得到了人民邮电出版社的鼎力支持，在此表示感谢。另外，《今日人像》杂志还将继续推出影楼化妆造型，以及其他与商业人像摄影相关的专业图书。

**《今日人像》杂志 编辑部**

# 目录 Contents
## 第❶章　妆面
### *p008*

# 目录 Contents

## 第❷章　发型

### *p096*

# 目录 Contents

## 第❸章 主题

# p160

## 第 1 章

妆

妆容的设计与打造，在化妆造型的整体过程中，占据着强烈的主导地位。面部是最先引人注目的部位，折射着一个人的整体风貌，化妆师要奠定一款造型的基调，通常会先由妆面造型开始，以妆面的风格走向为基础，进一步深化整体造型风格。

对妆面的造型设计，考量着化妆师的技术水准与艺术功底，优秀的化妆师应该全面了解人的五官结构、色彩搭配技巧、化妆工具的选择、化妆技法的运用等方方面面的知识。本章以各种类型的妆面设计为主要内容，整合实际工作中非常实用的化妆技巧和审美趋向，系统地为化妆师提供技术与灵感的支持。

面

# 清灵剔透新娘妆

**资料提供** 北京苏苏彩妆工作室 **造型** 苏苏 **摄影** 邹亮 **模特** 米澜

清灵剔透的新娘在清冽的冬日依旧悠然绽放，华丽的妆容衬托出新娘高贵冷艳的气质，纯净而不单调，将女人自然柔美的味道展现无遗，空灵季节里更有几分超凡脱俗的飘逸。

**1** 先用正常色号粉底打底，再利用浅色和深色粉底塑造出脸部立体感。

**2** 选用淡粉色眼影晕染眼部，棕色眉笔用仿真画法描画双眉，让眉毛根根分明，增加真实感。

**3** 用大号腮红刷蘸取粉色腮红，横向扫在颧骨处，更显纯美气息。

**4** 用粉色口红描绘唇型，再涂抹同色唇彩，突出双唇的水润光泽。

妆容强调清新剔透的自然基调，柔美的色彩组合为冬日增添了一抹灿烂。颈间的装饰与头上可爱的小花朵帽饰遥相呼应，整体造型纯美而又俏丽。

妩媚而高贵的紫色最能体现女性气息，浓密的睫毛更突出迷人的眼神，两侧直发顺垂，精致的蕾丝饰物点缀在似是盘发的发型中，完美诠释新娘的知性美。

**1** 选用浪漫紫色眼影晕染眼部轮廓，突出冬季里十足的女人味。

**2** 加重眼神的描画，用黑色眼线笔沿着睫毛根部描画，眼尾适当拉长。

**3** 粘贴自然仿真假睫毛，并用睫毛膏将真假睫毛衔接，突出眼部神采。

**4** 唇部采用淡化手法，用肉金色唇彩淡淡涂抹即可。

基础造型选择了简单的盘发，让娇艳的牡丹花搭配网纱更具层次感，眼部明亮的一抹蓝和大面积的紫，让整个妆容变得生动活泼，弥散着明媚且香艳的气息。

**1** 选用紫色眼影晕染眼部，内眼角用冰蓝色眼影晕染，与紫色形成对比，颜色过渡要自然。

**2** 用眉扫蘸取棕色眉粉，加重眉下线的描画，使其更加立体。

**3** 选用与唇蜜同色的腮红在笑肌处以打圈方式涂抹，注意过渡要自然。

**4** 眼妆是此款妆容的重点，因此淡化唇部妆效，增加粉色唇蜜即可。

妆容使用了叠彩眼妆的画法,将多种颜色晕染至眼部,搭配橙色唇彩,营造出时尚华丽的温暖气息,头饰配合发型表现出一丝古典韵味。

**1** 用蓝灰色眼影在双眼皮内晕染,与紫色眼影过渡。

**2** 橙色唇彩与眼影色彩形成强烈反差。

**3** 纵向轻扫砖红色腮红,修饰脸型,更显自信笑容。

**4** 蘸取米白色修颜粉提亮U型和T字部位,突出脸部层次。

# 眼若春光

**资料提供** 杭州新视觉化妆摄影培训学校　**造型** 胡伦光　芦杰　**摄影** 张振辉(台湾)　阿斌

春光潋滟的 4 月，妆容中每个细节仿佛都轻舞飞扬着一抹抹春色，或温柔可人，或粉嫩浪漫，如花朵一样美丽。而眼妆绝对是当仁不让的主角，挥别秋冬的迷蒙华丽，春季的眼妆鲜亮绚烂、神采飞扬。

　　打造这款眼妆，重点要注意在晕染不同颜色的眼影时，同类色系交界处的衔接要拉开层次，对比色的交界处色泽要淡，过渡自然，表现出层次感。

**1** 针对皮肤特征，打底时先涂一层薄薄的液体粉底，然后用粉质较细的干湿固粉和散粉给整个面部定妆。

**2** 用中指将珠光黄眼影晕染于眉骨及眼窝浅处，再用紫色眼影在双眼皮上做重点烟熏画法，形状不易太大，紫色与珠光黄眼影相交时色泽要浅淡，然后在内眼角处选用冰粉紫色眼影与紫色烟熏相重叠，做出层次感。

**3** 选用浅棕色腮红在颧骨下方及外缘处轻扫，增加面部的立体感。

**4** 先在唇部涂一层淡粉色唇彩，再涂一层浅红色唇蜜，使唇部更饱满丰盈，注意颜色不宜过红。

这款眼妆用时下流行的多种颜色混搭，可以从不同角度看到不同的颜色，让眼妆呈现出花朵般的美丽与质感。

**1** 打粉底时把人物五官的立体塑造强一些，在眉弓骨和鼻梁处，打上高光130号明艳粉底，鼻子两侧上少许暗影，过渡自然。

**2** 先在眉弓骨处晕染淡金色眼影，一直延伸至太阳穴处，再用蓝紫色眼影在外眼尾处晕染出小烟熏，亮粉色眼影从内眼角晕染于小烟熏的边缘线处，衔接自然。再选用蓝绿色眼影从下眼尾往内眼角处收。

**3** 选用淡淡的肉粉色腮红在笑肌外缘处晕染，既增加脸色的红润感，又强调面部轮廓的立体感。

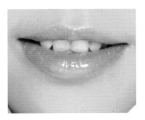

**4** 选用珠光唇彩填满双唇，使唇部显得晶莹剔透，强调出妆容的薄透和质感。

眼线画得较粗会显得不够自然，这时候就要把眼妆的重点放在外眼尾处，使晕染的眼影色块向眼尾处移，消除不自然感，同时拉长了眼睛的视觉效果，看起来更有神采。

**1** 用遮瑕笔遮盖掉黑眼圈和色斑，粉底选择比肤色深一号。

**2** 沿睫毛根部描画出较粗的上下眼线，上眼线在眼尾处微微上扬拉长。选用紫红色眼影在眼尾处晕染出烟熏效果。

**3** 为强调春天感和新鲜感，选用玫瑰粉色腮红打造双颊，腮红中可略加一点点棕色，修饰脸型的立体感，但不能多，否则容易显脏。

**4** 选用玫红色唇彩刻画双唇，先画出明显的上唇峰，再画下唇的中间部位，最后均匀涂抹，唇中间稍深一点，起点睛作用，同时突出健康性感的少女气息。

黄绿色眼影晕染于眼窝及眉头下方，可延至鼻梁处。在双眼皮折痕处将湖蓝色眼影晕染至眼角，下眼角用湖蓝色眼影呼应。眼睛周围及鼻梁与下巴之间，用珠光白提亮，使妆面更清爽干净。

**1** 选用与模特肤色相近的液体粉底涂抹于脸上，将肤色调整均匀。内轮廓选用比肤色略亮一点的粉底提亮，增加面部立体感，然后用无色的透明散粉定妆。

**2** 眼妆选用黄绿色与湖蓝色来搭配，黄绿色给人万物复苏的感觉，湖蓝色较有动感，使整个妆面既突出了春意，又不失时尚。

**3** 选用淡粉色膏状腮红修饰颧骨和腮部肤色，涂抹时注意略带过鼻尖上一点点，这样看上去会更显可爱，肤色更润透健康。

**4** 最后选用淡粉色唇彩填满双唇，刻画出自然唇形。

# 冷暖双艳

**资料提供** 北京禧年 **造型** 甄继先 **摄影** 李宁 **模特** 于笑

灰色眉笔轻轻勾画出的眉型可以使上眼皮的中央看起来更有立体感，也不会再给人以眼睛肿胀的印象。米白色珠光眼影把眼睛的边缘纳入了整体，冲淡了边缘的感觉。突出大大的眼睛和清晰的睫毛，一个高雅、古典、尊贵、美丽的你立刻呈现在眼前。

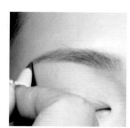

**1** 用灰色眉笔轻轻勾画出眉型，让眉型显得更清晰自然。

**2** 用米白色珠光眼影进行较大面积的过渡，来衬托浪漫气氛。

**3** 用黑色眼影粉进行眼线的过渡，来加强眼睛的轮廓和柔和感。

**4** 用桔红色腮红进行较大面积的晕染，来协调米白色眼影和口红的颜色。

**5** 大红色口红让整个妆容有突出感并增强画面的时尚性。

1 选用细腻晶莹的定妆粉轻压，让妆容更为清透、自然、没有粉质感。

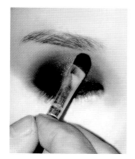

2 选用深墨绿色进行渐层晕染，营造出大烟熏的妆容，让眼部更为突出。

3 为使眼睛形状更为有型，眼线用水溶眼线进行加重处理，才不会显得眼影太散没神。

4 唇彩选用红色，让色彩更为跳跃，也和服装有更好的协调。

红色象征血液，代表血气旺盛，是生命力强的象征。 红色是火热的，它代表激情，象征着力量，蕴含着叛逆，不同造型、不同质感的红色都体现出一种不同的情感。

色度非常高的红色只需一点点就会让你焕发光彩，以艳丽的桃红色口红描出圆润、花瓣形的唇，再用透明润泽的亮光唇膏增加光彩。与迷离的小烟熏眼妆相配，热情气息充分洋溢在你的脸上，闪耀出众，无与伦比。

# 眼线的五种画法

**资料提供** 武汉王福成摄影化妆学校

**造型** 罗音 叶庆

精致的眼线让眼睛更加迷人有神。特别对于五官效果不够立体的东方女性，利用眼线可以勾勒出轮廓更加立体的漂亮眼妆，弥补眼睛不够深邃的缺点。怎样画好眼线，需懂得一定技法，要根据妆面的需求选择合适的眼线画法。本节将向读者介绍标准眼线、框式眼线等几种眼线的不同画法。

## 标准眼线

画眼线时露出整个眼睑，用左手轻按眼睑，右手握笔，再用眼线笔沿着睫毛根，慢慢地一笔画过。

**1** 用眼线笔沿睫毛根从内眼角向外眼角方向描画，开始线条浅淡一些。

**2** 将眼线向外眼角方向逐渐加粗加重。

**3** 为表现眼线神采，眼尾处可微微上翘。

**4** 下眼线从眼尾沿下睫毛根向内描画，由粗黑逐渐变细变浅，至整个眼睛1/3处完成。

## 彩色花式眼线

这种眼线画法常常配合一些高明度、高彩度的妆面，如清新水果妆、可爱糖果妆等。因为眼线是彩色的，有很强的视觉冲击力，因此一定要注意妆面色彩的整体搭配。

1 用彩色眼线膏按标准眼线的画法描画上眼线。

2 用有珠光效果的眼线膏描画上下眼线的根部。

3 用白色眼线笔补缺睫毛根部的缝隙。

### Tips

1. 应选软硬适中的眼线笔，因眼部皮肤非常细腻，太硬的眼线笔会让眼睛有刺痛感，太软画出的眼线又太易晕开。

2. 刚削过的眼线笔笔尖太利，容易扎伤皮肤，且不易上色。使用前先在手背上将其磨圆，等画出流畅的线条后再在眼部描画。

3. 画上眼线时，用手指或棉棒涂画。当淡化或不画下眼线时，为表现眼睛神采，可加强下眼影的层次晕染，或强调根根分明的下睫毛来达到效果。

5. 白色眼线笔或白色眼线膏常用于眼睛内轮廓的描画，起到提亮眼睛增大眼睛轮廓的作用。

6. 眼线在接近眼尾处上扬的弧度，应根据不同眼睛形状和不同妆面风格来定，过渡要自然流畅，不能显得太牵强。

7. 如果粘贴了厚重的假睫毛，一定要沿假睫毛根部将眼线再次描画，避免出现睫毛与眼线脱节的现象。

8. 眼线到底要化多粗，要依据不同眼睛形状来定，总的来说，应以睁开眼睛能看到明显眼神光为准。

## 框式眼线

框式眼线能很大程度改变眼睛的形状，使眼妆更具戏剧性和设计感。这种眼线主要配合一些特定妆面效果。

**1** 从内眼角依眼睛形状用眼线膏向眼窝方向画出一个新的内眼角出来。

**2** 沿上睫毛根由细逐渐加粗向眼尾描画上眼线，在接近眼尾处拉长并自然上扬。

**3** 从眼睛中部沿下睫毛根由粗至细向眼尾方向描画，和拉长的上眼尾对称。

**4** 再向内眼角方向描画，与新的内眼角重合，设计出一个新的眼睛形状。

## 复古眼线

这种眼线主要配合具有复古效果的妆面，能最大程度表现出女性妩媚的神态效果。

**1** 用眼线笔沿睫毛根从内眼角向外眼角方向描画。

**2** 眼尾部分用眼线笔或眼线膏向后刻意拉长上眼线，使眼睛看起来细长而妩媚。

**3** 下眼线从距内眼角三分之一处向后描画。

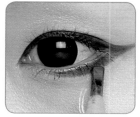

**4** 为配合上眼线的效果，将下眼线向后延伸与上眼线重合。

**1** 用框式眼线的手法画出上眼线。

**2** 下眼线的眼尾处与上眼线对称，内眼角微微向下。

**3** 用眼线笔在眼窝的位置按眼睛的轮廓画一条弧线，用眼影晕染出层次。

## 双眼线

利用这种眼线的技法可以刻画出较深的眼部结构，使五官更立体深邃，打造出时尚夸张的妆面。

# 裸色彩妆

剔透润泽的自然妆容有妆似无妆，是化妆的最高境界。

体验造型师
**李文涛**

透体的棕影亚洲人皮肤，不易容性眼合最清妆女练系适人是出错的"百搭色"。优的现干色很洲雅

1 用粉底刷将高清粉底液由内向外刷开。

2 用魔幻干湿两用粉底定妆。

3 用浓密型睫毛膏在睫毛上反复上下涂刷。

4 用棕红色珠光眼影描画眼窝，黑色眼线膏描画出流畅的眼线。

5 用橘红色 MF 魔幻唇釉轻轻地涂抹双唇。

产品提供 明艳化妆品

资料提供 深圳美皇化妆培训机构

摄影 深圳阿波罗视觉·张杰

体验造型师
**向华**

妆造型特用色眼

眼款独特的添

彩这的处，丽增

七是型之绚彩

之绚彩

七是型之

睛的灵动。

**Tips** **妆容重点**

1. 用明艳高清滋润遮瑕粉底膏涂在T区及脸颊，打好底妆。

2. 用魔幻干湿两用粉饼轻扫脸部，完成定妆。

3. 用魔幻珠光眼影按不同色彩层次由眼头到眼尾逐渐晕染，珠光质地更能表现色彩的光泽盈透。

4. 用淡粉色魔幻腮红以扩散的手法从眼尾处散开，与眼尾的粉色眼影连接呼应。

5. 选择淡粉色唇彩涂满双唇，呈现粉嫩透明的效果。

底妆轻盈透薄，皮肤质感健康。

**1** 将高清粉底液轻点于脸上，再用手指按皮肤纹理均匀地推开。

**2** 用魔幻干湿两用粉饼扫在脸上，定妆。

**3** 用裸色魔幻眼影涂于眼窝，表现自然轻盈质感。

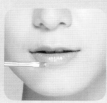

**4** 用橙色系魔幻腮红以反半圆式手法散开，尽显可爱。

**5** 唇彩选择裸色，突出透明的色泽。

# 质感夏味裸妆

**产品提供** 明艳化妆品
**资料提供** 缪斯造型工作室
**摄影** 晓星 **模特** 易倩

**体验造型师**
**徐浩然**

## STYLE 1

### 清新氧气妆

初夏之际，风暖花开，通透娇嫩的肌肤仿佛呼吸着自由纯净的氧气，浅淡的眉毛，精致的眼眸，美艳的双唇，如阳光穿透空气，轻轻落在肌肤上。

**1** 用粉底刷将粉底液从里向外均匀涂抹。

**2** 蓝色眼影由深至浅晕染上眼睑，紫色眼影晕染下眼睑。

**3** 双睫用魔幻睫毛膏反复涂刷，增加长度和密度。

**4** 用粉色水润魔幻唇釉涂抹双唇，突出透明质感。

**产品提供** 明艳化妆品
**资料提供** 深圳美皇化妆培训机构
**摄影** Tine（深圳1982摄影工作室）

体验造型师
**于佳**

# STYLE 2
## 轻薄浪漫裸妆

轻透裸妆将奢华贵气幻化为优美、性感而不失时尚，多彩的色泽让妆容隐约透射出浪漫主义风情。

**体验造型师**
**张津宁**
**产品提供** 明艳化妆品
**资料提供** 广州巴黎婚纱摄影有限公司

1 用眉粉立体描画双眉使眉型微微上扬。

2 蓝色眼影大面积平涂，注意边缘过渡以及层次感。

3 用 MF 眼线膏勾勒拉长眼型，流畅上下眼线。

4 用唇釉涂满双唇使唇型饱满圆润，更富立体感。

# STYLE 3

## 冰爽媚眼妆

初夏，女性的杀伤力从妩媚眼神开始，眼妆成为造型师的宠儿。妆容鲜亮，艳阳闪耀，衬出亮丽妆效。

**STYLE 1**
清新氧气妆

**STYLE 2**
轻薄浪漫裸妆

### 润出健康肤色

　　漂亮的妆容一定要做好护肤的基底，妆前隔离霜是必不可少的第一步。首先对肌肤进行妆前隔离润色，再用深浅两款高清粉底液营造出立体通透的底妆，沿着睫毛根描画细致的眼线以强化眼型。唇是此款妆容的重点，选择别具诱惑感的玫红色MF唇釉完成简单的填色游戏。

### 细腻水漾光泽

　　干净的底妆隐约透出微细的光泽，让肌肤更为明亮。进入夏季，我会首选那些带有防水抗汗配方的粉底液，它能有效防止脱妆的现象。让妆容呈现自然立体感，还需一定的化妆技巧，将粉饼或是粉底液点在脸部较中央的位置，再通过指腹或是海绵，轻轻地向脸部两侧将粉底推薄。

**STYLE 3**
冰爽媚眼妆

### 如水女人情怀

　　炎炎夏日，肌肤特别容易敏感，有痘或有粉刺的人士更需注意，因此我选用自然美防敏感遮瑕膏，为模特打好一个安心的底妆。这款妆容最夺目的是眼妆，首先用眉扫描出眉型，再立体描画使眉型微微上扬。蓝色眼影在眼皮处大面积平涂，重点要注意边缘的过渡以及层次感，再利用MF眼线膏勾勒出拉长眼型的上下眼线，线条要流畅，这关系到妆容的细腻表现。

仲夏之魅

产品提供　明艳化妆品
资料提供　成都引力摄影化妆培训学校
摄影　蒋宏　模特　杨凡

体验造型师
李颖艺

# STYLE 1

## 夏日斑斓妆

　　将夏天的斑斓色彩融入妆容中，清凉的湖水及黄绿叠加的花海色调，带来恍若夏梦初醒的感觉。

产品提供　明艳化妆品
资料提供　浩然造型工作室
模特　田甜

**1** 用明艳 MF 植物精华隔离霜做妆前润色隔离，再用海绵扑推匀粉底液。

**2** 用刷子蘸取明艳 MF 干湿两用粉饼轻扫面部，打造晶莹剔透的底妆效果。

**3** 用麦麸色眼影粉轻扫眼窝，眼线用小刷子晕开。

**4** 用明艳 MF 魔幻唇釉涂抹双唇，营造健康饱满唇效。

体验造型师
**徐浩然**

# STYLE 2

## 甜美银耳妆

银耳般滋润清凉的柔和裸妆，带出仲夏时节女性肌肤的原始气息和清爽的感觉，简洁自然中透出完美的肤质，水灵般的肌肤宛如出水芙蓉。

**1** 用手指在面部薄薄地涂抹丝绒控光滋润遮瑕霜。

**2** 手指蘸取金色魔幻眼影涂抹整个眼窝。

**3** 黑色眼线膏画出宽眼线，加强眼部色彩冲击力。

**4** 金橘色胭脂轻扫脸颊，自然色唇釉涂抹双唇。

**产品提供** 明艳化妆品
**资料提供** 花映画婚纱摄影
**摄影** 王旭升　**设计** 辛士君　**模特** 潘晓莉

体验造型师
**李文涛**

# STYLE 3

## 仲夏炫酷烟熏妆

　　时尚烟熏妆无论在哪个季节都被热捧，更是小眼女生变身为神采大眼睛的妩媚必杀技，烟熏妆让百变女孩在夏季闪炫登场。

## 梦幻清凉色彩

　　利用深浅不同的自然美遮瑕粉底膏，打造立体面部轮廓。妆容塑造的重点是眼部，选用深浅不同的湖蓝色眼影在眼周做结构式晕染，眼头用黄绿色眼影叠加出层次感，用油彩般的黄色眼影大面积覆盖眉毛。醒目的黄色穿过每一个角落，让湖水般的蓝色释放出一丝清凉。跳跃的橙色唇彩晕染双唇，仿佛夏日的一缕阳光。

**STYLE 1**
**夏日斑斓妆**

**STYLE 2**
**甜美银耳妆**

## 水润美人儿

　　裸妆让肌肤透出自然的润泽感，妆前使用隔离霜润色隔离，不但护肤，还能使肌肤透出亮泽滋润感。粉底选择轻薄而遮瑕度高的MF高清乳液遮瑕霜，顺着脸部肌肤的纹理轻柔平滑推开。淡雅的妆容需加强眼部立体感的塑造，利用色彩搭配的小技巧，用麦肤色眼影在眼窝轻扫，简单有效地提升了淡雅妆容中眼部的立体感。

**STYLE 3**
**仲夏炫酷烟熏妆**

## 细腻的迷魅

　　清晰的脸部轮廓，神秘的炫酷眼神，成为这款妆容的焦点。选用丝绒控光滋润遮瑕霜打底，它具有RC（Reflection Control）控光成分，有助改善因光线折射产生的反光现象，使肤色更自然分明，透出肌肤的自然光彩。妆容重点是对色彩的运用，金色、橘红色眼影调和出金橘色的胭脂与眼影协调一致，利用MF黑色眼线膏的吸附力使黑色眼影部分更自然。

# 流波魅眼

**产品提供** 明艳化妆品
**资料提供** 武汉浩然造型
**摄影** 项昕(武汉洛卡印象) **模特** 杜婧

体验造型师
**徐浩然**

## STYLE 1
### 雪之女皇

　　清透的肌肤折射出丝微的冷艳，雪白的妆容高雅里透出女孩的纯洁傲气，展现了神秘、不可抗拒的女性魅力。

**1** 用明艳 MF 自然色植物隔离霜润色，再粉高滑乳液轻柔在脸上匀推开。

**2** 将绚金红色眼影浅涂于眼窝，接着用粉色眼影大面积晕染。

**3** 双颊均匀扫上桃色腮红，与眼妆相呼应。

**4** 涂上粉浅紫色MF 魔幻唇釉，提升粉嫩感。

产品提供　明艳化妆品
资料提供　深圳美皇化妆培训机构
摄影　牧瞳　模特　詹琳

# STYLE 2
## 桃色美人

体验造型师
向华

粉色不单是女性可爱的代名词，也可以炫耀女性的独立与成熟。桃色美人展现出都市时尚女性的独特韵味。

**1** 将明艳丝绒控光遮瑕粉底膏在脸上推匀，保留皮肤质感。

**2** 用蓝色眼影晕染眼部，营造海洋的感觉。

**3** 用眉粉轻扫双眉，颜色不要过重。

**4** 用明艳 MF 魔幻唇釉涂抹双唇，营造自然水润的唇效。

体验造型师
**张津宁**

产品提供　明艳化妆品
资料提供　广州巴黎婚纱摄影有限公司
摄影　胡海波　模特　钟婉莹

# STYLE 3
**轻羽飞扬**

　　海洋与天空的湛蓝色成为妆容的主角，配合柔和肤色，使妆容的主色调自然分明，体现出渴望自由轻盈飞翔的感觉。

## 轻晕淡雅

妆容以简约的底妆衬托眉毛的特色设计，先用明艳MF高清软性滋润遮瑕粉底膏打出通透的底妆，再用明艳MF魔幻眼线膏沿睫毛根部描画出流畅眼线，并刷出纤长睫毛效果，使眼部轮廓更清晰，烘托眼神。用粉色腮红在脸颊处轻轻晕染，营造出好气色。最后将剪好的蕾丝贴在眉毛处，完成妆容设计。

**STYLE 1**
**雪之女皇**

## 时尚金粉

时尚的粉色和金色是流行色彩的组合，利用明艳MF绚金红眼影膏作为眼妆的底色，同时用粉色眼影将双眼大面积晕染，粉嫩中透出闪亮。用明艳MF白色眼线膏描画下眼线，突出眼神。双颊均匀地扫上桃色腮红，打造出完美苹果肌，整个妆容中粉色巧妙地成为性感武器。

**STYLE 2**
**桃色美人**

**STYLE 3**
**轻羽飞扬**

## 层次细润

为更好地表现妆容的轮廓与肤色感，底妆使用明艳丝绒控光遮瑕粉底膏，它具有RC（Reflection Control）控光成分，有助改善因光线折射产生的反光现象，使肤色更自然分明，也因此缩短了后期制作时间。眼妆需注意眼影的晕染技巧，注重色彩层次的叠加，妆容以柔和的肤色、分明的脸部轮廓带出蓝色的跳跃感。

# 缤纷秋色

**产品提供** 明艳化妆品
**资料提供** 浩然工作室
**摄影** 晓星 **模特** 甜甜

体验造型师
**徐浩然**
首届明艳杯优胜者
《今日人像》造型擂台
优胜者

# STYLE 1
## 浓郁秋季

秋季令人想起红叶的浪漫，以蓝色的眼妆带出清爽的秋意，不温不火，散发出秋季的浓郁韵味。

体验造型师
**饶倩**
第二届明艳杯优胜者
《今日人像》造型精英
大赛全国八强

**产品提供** 明艳化妆品
**资料提供** 古色摄影&古色化妆职业培训学校摄影 邹和
**模特** 小梅

1 用眉刷蘸一点眉粉或浅咖啡色眼影轻扫眉毛。

2 眼窝用明黄、嫩绿、深蓝做三段式无痕过渡晕染。

3 用明艳 MF 魔幻唇釉加一点点咖啡色眼影，调成砖红色进行描画。

4 用深砖红色腮红斜扫在颧骨处，加强轮廓。

# STYLE 2

## 霓彩蝶妆

翩翩彩蝶，多元偶合却天成完美，以黄、绿、蓝巧妙地混合无痕过渡，创造出层次丰富的眼妆，丰富唯美，兼具女性化的浪漫与大都市的摩登感。

产品提供　明艳化妆品
资料提供　齐齐哈尔市小宇秀摄影
摄影　张朋宇　模特　娜佳

体验造型师
**杜娟**
第二届明艳杯优胜者
《今日人像》造型精英
大赛全国八强

# STYLE 3

## 双面娇娃

清透的双色肌肤呈现出神秘感，红色耳环和指甲的点缀更显动人，白色拉锁固定在两色分界线上使妆面更清晰、干净、另类和时尚。

**STYLE 1**
浓郁秋季

### 色泽明亮

　　先用明艳植物隔离修饰肤色，然后再用MF遮瑕霜调整皮肤状况，并用MF干湿两用粉定妆，使肤色更加均匀无暇。眼部先用眼影膏打底，再用明艳同色眼影晕染，用明艳粉色眼影淡淡地晕染在两腮，营造好气色。玫红口红勾勒出丰满双唇，再以透明唇釉提亮，最后用与口红同色的围巾在头部做造型，色彩和唇色相呼应，整体感觉色彩明快而简约。

### 质地细致

　　这款妆容的亮点是层次丰富的眼妆色彩，因此在手法上除了有技巧地对眼部进行晕染以外，还要在颜色的调控上把握得恰如其分，才能达到无痕过渡的色彩混合。而MF魔幻眼影的特点是质地细腻，能很好地贴合肌肤，使化妆师们更容易实现彩妆颜色的调控与融合。

**STYLE 2**
霓彩蝶妆

**STYLE 3**
双面娇娃

### 着色均匀

　　首先将明艳丝绒控光遮瑕底膏和自然美乳液修护遮瑕霜做好底妆，再用白色粉底从左上额头到右下腮，斜着均匀涂在半张脸上，将拉锁固定在两色分界线上，使两色间隔更清晰、立体。用MF魔幻睫毛膏拉长上下睫毛，选用与脸色反差较小的肉色唇釉，更能体现妆面的自然协调。最后用白色BOBO头与妆面呼应，洁白如玉，大气、时尚的双色面容完美形成。

# 撷取动物的美丽

这组作品用色彩斑斓的各种动物花纹装饰眼睛，使容妆更具有时尚感，且充满着原始狂野气息，隐喻着人类的原始欲望。

**资料提供** 成都引力摄影化妆培训机构　**造型** 李颖艺　**摄影/后期** 叶仁

强调豹的性感与狂放，淡化妆面的色彩以突出眼部的设计。加上蓬松粗狂，纹理清晰的波浪卷发，洋溢出豹子天性狂野、个性张扬的气质。

**粉底** 选用细腻的粉底液加膏体粉底匀整肤色，为之后的彩妆打好服帖的基底。

**眼妆** 深黑色眼线浓艳地勾勒出眼周轮廓，突出眼线的浓烈与性感，运用大地色系的深褐色和咖啡色做为大面积层次晕染，利用橙黄色及黑色油彩做点缀，以突出豹纹大气而独特的图案。

**唇妆** 采用黄色唇膏与粗犷的豹纹在色彩上的呼应。

斑马纹使女性突显出不羁的个性，梳理整洁的黑发与斑马条纹搭配既简洁、干练，又富有时尚摩登的感觉。

**粉底** 选用细腻的粉底液加膏体粉底匀整肤色，为之后的彩妆打好服帖的基底。

**眼妆** 斑马各部位所形成的黑白条纹是不同的，有的宽阔，有的狭窄，抓住这一特点应用便可。用黑色眉笔及白色眼线笔穿插描绘，确定好想要的范围，做到形象自然。

**唇妆** 薄施粉底在唇部，与裸色的唇色相衬，带来永不落伍的现代感。

在眼部的应用长颈鹿背部的纹路使女性的眼神更加迷离，从形式和色彩方面来体现女性如长颈鹿般优雅高挑的气质。

**粉底** 选用细腻的粉底液加膏体粉底匀整肤色，为之后的彩妆打好服帖的基底。

**眼妆** 运用深、浅褐色，大面积并有规则地晕染出多边型图案的眼影，用白色眼线笔勾勒出长颈鹿天然的网状图案。注意网格要大小不规则，力求自然逼真。

**唇妆** 大胆运用黄色来点缀唇部色彩，突出妆面的整体感。

蛇也是天生的搭配高手，红、黑、白三个经典色彩搭配，突出女性神秘与野性的气质。

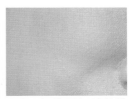

**粉底** 选用细腻的粉底液加膏体粉底匀整肤色，为之后的彩妆打好服帖的基底。

**眼妆** 运用黑、白、红三色油彩（油彩更能表现出光滑的质地）不规则地晕染在眼部，再用粗网纱轻而稳的压眼部表面，制造蛇鳞片的效果。

**唇妆** 用裸色唇膏低调描画出唇部的轮廓，以突出眼妆的特点。

# 色舞灵动

**资料提供** 杭州新天地学校　　**彩妆提供** 妍颜工坊

色彩是感性的语言，它给人连绵的想象，传递着丰富的情感，能渲染烘托出或淡雅、或浓烈、或和谐、或对比的画面氛围。

这组"色舞灵动"造型的设计构思，主要突出展现色彩的感染力。整组造型颜色绚丽多彩，妆面上用仿真昆虫加以点缀。选用润颜遮瑕粉底膏，很好地把握了色彩的相貌、明度与纯度要素，运用了色彩的协调、冷暖及补色对比关系，色彩的魅力在模特粉润的脸庞上得到了淋漓尽致的体现。

## 斑斓尤物

　　绚丽多彩是很多女性的梦和追求。

　　"斑斓尤物"造型设计上着重展现缤纷的色彩，在模特柔滑光洁的肌肤上描绘色块、装点斑斓。用"润颜遮瑕粉底膏打好底妆，蓝色眼影简单、随意地大笔触着色，浅玫红色口红精致勾画嫩透唇彩；单色背景与简洁发型突出了彩妆色泽，冷暖的色彩对比加强了视觉上的冲击力度。轻、薄、绚的蝴蝶是最好的装饰品，真有"蝶恋花"之感。

## 俏皮的精灵

　　"俏皮的精灵"造型在设计上突出了女孩的天真烂漫、活波可爱，冷色系的口红略显女生的调皮和野性，螳螂装饰了零乱的波波发型，也更符合了俏皮搞怪、夸张的表情。

　　用润颜遮瑕粉底膏打好底妆，梦幻紫红色眼影平涂晕染，呼应了画面的主色调，下眼影用粉绿色增显女孩的青春靓丽，用笔简单而不粗糙；腮红在颧骨处斜向加重晕染，少女嫩透的面肤犹如待熟的桃子；在白色的裹布上后期添加了花卉素材，达到色调上的协调统一。整体造型用色明快而大胆。

## 夏娃的诱惑

　　"夏娃的诱惑"就是色的诱惑。

　　在设计构思中延续了大色块的使用。用润颜遮瑕粉底膏打好底妆，用草绿、紫红色渐层法晕染眼影，用黄色口红勾勒出性感的嘴唇，下眼影向笑肌部位延伸晕染，省去了腮红的着色，整体妆色剔透亮丽。

　　为了突出色彩的感染力，我们用了仿真蚂蚁与蝎子来强化美与丑、艳与浊的对比效果，强化了色彩的诱惑力。

## 绚色迷离

"绚色迷离"造型设计主要体现在发型、眼睛和嘴巴的塑造上。

几何块状的发型设计使造型具有了现代时尚感；用润颜遮瑕粉底膏打好底妆，红、橙、黄梦幻暖色系眼影用大面积渐层法晕染，过渡柔和细腻；白色唇彩勾画出性感丰满的嘴唇；蓝色的仿真昆虫"天牛"在暖调妆面上增加了看点；在拍摄中摄影师很好地把握住了模特瞬间迷离的眼神，是此款造型无意中的最大耐人寻味之处。

## 春之觉醒

画面草绿色背景让我们自然想到了春天,春天是万物复苏的季节，是播种的季节，是生机昂然的、积极的季节。

具复古怀旧味的发型与清新亮丽的妆容形成时代的划痕，视觉上有了强烈的反差感，是这款"春之觉醒"造型设计的创意点。色彩设计构思中我们着重体现在"春意"的表达上，用润颜遮瑕粉底膏打好底妆，用桔红色的腮红圆圈晕染，黄色的口红使嘴唇丰润饱满；在桔色系的妆面上我们添加了春的色彩、春的元素——瓢虫爬上了耳畔、青蛙跳上了鼻梁，就像大地在寒冬里觉醒，春的暖意、春的信息跃动于画面。

## 想象的翅膀

"天高任鸟飞，海阔任鱼游"，蔚蓝的海和广阔的天往往能给人无限的想象空间。

"想象的翅膀"造型色调沉静、深远，用润颜遮瑕粉底膏打好底妆，使用"低纯度的眼影和橙黄色口红，仿真的蜜蜂、臭虫、蜻蜓点缀了沉静的画面，装饰了简洁的妆容与发型。蜜蜂是辛勤的花使；臭虫的隐意能使我们更好地认识和分辨真善美的东西；蜻蜓的翅膀让我们展开了无垠的思维想象。

# 四季畅想

**资料提供** 新天地培训学校　**彩妆提供** 妍颜工坊

## 春光乍现

　　春天，承接了乍暖还寒的冬季和炎热的夏日。抛开冬天的厚重烦闷，4月的暖春，万物复苏，春的轻松惬意扑面而来，朦胧的色彩引人遐思。预览春天，心也雀跃不已，春季的肌肤显得更加白皙、滋润、富有光泽。

　　使用润颜遮瑕粉底膏，薄透的打好底妆，绿色水溶眼影大面积晕染，粗犷的眉型衬托了细腻的肌肤和润泽的色彩，闭垂、浓密的眼睫毛吻合了造型感觉，黄色的哑光眼影用作腮红点缀了春色，用哑光润彩口红润泽唇部。整体造型被春的气息所笼罩。

YK112#润彩口红

W64#水溶眼影

YY27#哑光眼影

Y101#润颜遮瑕粉底膏

## 夏日甜心

　　盛夏的女孩是热情张扬、活力四射的，如同午后的骄阳，让人不敢直视。夏日里的火热，肆意弥漫，这才是属于"今夏的味道"……

　　红色渲染整体造型感觉，用润颜遮瑕粉底膏打好底妆，眼睛和嘴巴是传神、传情的，是造型描绘的重点。使用梦幻黄色大面积晕染上下眼影，亲颜腮红淡淡、自然的晕染脸颊，闪亮唇彩莹润出唇部亮泽。

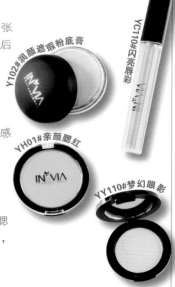

Y102#润颜遮瑕粉底膏

YC110#闪亮唇彩

YH01#亲颜腮红

YY110#梦幻眼影

季节体现出色彩，色彩展现出季节。在这一组色彩造型里，摒弃了一切冷峻、硬朗甚至中性化的元素，只有充满愉悦的浪漫色彩，轻盈飘逸是这组造型的重点。

## 紫秋媚惑

　　骄阳过后，收获成熟。一种柔媚的诱惑，伴着渐凉的西风，悄悄地走近，美丽变得有些许的咄咄逼人，披上了诗幻般色彩，带给人的总是分外妖娆！可以性感，也可以绚目。

　　妆容打造上，使用润颜遮瑕粉底膏打好底妆，水溶眼影勾画出夸张的眼线，亲颜腮红斜向晕染脸颊，勾画出暗红色性感的嘴唇，神秘的黑色头饰、冷艳的神情、紫色氛围透露出知性女子的成熟魅力。

YK14#口红

Y103#润颜遮瑕粉底膏

YY54#水溶眼影

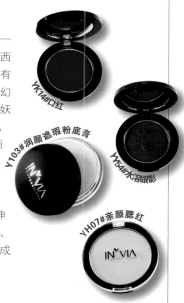

YH07#亲颜腮红

## 滴冬美人

　　冬季带来了严寒，带来了冰雪，带来了一片闪耀的冷白色。无论是跳动的蓝色，如雪的白色，还是淡淡的粉色，都流露着女孩的心情，与冰雪嬉戏，释义惊艳下的柔情如水。长久以来，厚重的冬衣下是对于春的满心期待，终于新嫩的早春在不远处展露笑颜，心情已迫不及待要为这季增添一抹绚酷个性的色彩！

　　在妆容打造上，使用润颜遮瑕粉底膏打好底妆，水溶眼影勾勒出浓浓的个性眼线，亲颜腮红晕染粉嫩的脸颊，润彩口红勾画玫红色的唇彩，造型的绚酷冷艳着重体现在对眼睛的装饰上。

YY54#水溶眼影

YK106#润彩口红

YH103#亲颜腮红

Y102#润颜遮瑕粉底膏

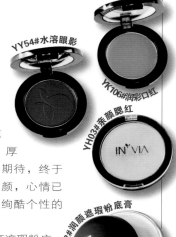

# 百变眼线

关键：
粗黑眼线、上挑眼线、极细眼线……用眼线
打造或深邃、或妖娆、或东方的眼线达人。

**特邀嘉宾**
**赵元**
第二届中国十大青年发型师——2004年
第三届中国十大青年化妆师——2005年
2006年中国十大魅力形象设计师
2007年度造型师
2007年奥运造型设计大赛特邀评委
2007年中国十大慈善造型师
PAUL MITCHELL形象设计总监

眼线在整体造型中有不可小视的作用。清晰或模糊，锐利或柔和的眼线，搭配不同色彩的眼影及不同的晕染手法，烘托出迷离、慵懒、睿智、温柔的眼神。眼线已经不再拘泥于单一的形态和色彩呈现，当下流行的日式"垂眼妆"、"隔夜妆"全都得益于眼线的不同演绎。

1

2

3

文馨

成都火蝶影像

## 赵元点评:

整组作品流露出化妆师的创新意识,既能照顾到对眼线主题的刻画,又能兼具整体妆容的和谐统一。

### 造型1:

整体效果很国际化,眼线刻画得很独特,突破了眼线和眼影泾渭分明的常规画法,眼线在眼尾处微微上翘,然后采用烟熏妆的画法,眼影在眼窝处晕成一片,最后在眼尾处晕染眼影,使之与眼线自然过渡,没留什么痕迹,可见化妆师的晕染手法非常娴熟。尤其上眼皮的一缕眼线很新颖,可惜被帽子盖住了一些,是最大的缺憾。

### 造型2:

这幅妆容作品整体洋溢着慵懒的性感,眼妆主要由眼线来体现,黑色眼线刻画得细腻修长,淡淡的眼影更凸现了眼线的轮廓。眼线在眼尾处轻巧上扬,弧度优美,为整体妆容定下了基调。内眼角处理得稍微有些模糊。脸部妆容较有质感光泽,暗影处理可以再强烈些。

### 造型3:

整体造型新颖,充满强烈的视觉感。眼妆在整个妆容中并不突出,眼线的描绘也非常简洁,但由于色彩搭配协调,使眼线在妆容中比较抢眼,很好地诠释了眼线主题。下睫毛的处理如果再细腻一些,会使妆容显得更精致。眉毛和脸部油彩的运用,增强了整体妆容的立体层次感。

北京壹线视觉

**范峻**

## 赵元点评

整组作品对眼线主题的刻画非常精准到位，化妆师处理眼线的手法别具一格，可见在审题过程中是真正动了脑筋，思考成熟后完成的作品。

**造型1：**

整体眼妆描画得细腻而清晰，从视觉到造型都很完美，从内眼角至外眼尾的流线型眼线刻画得生动自然，运笔流畅，使眼睛看起来更加神采飞扬。上下两条黑眼线中的留白眼线很好地衬托了黑色眼线，眉毛处粘贴的黑色羽毛和白色唇彩与黑白眼线遥相呼应，使整体妆面更趋和谐统一，完美体现了眼线主题。

**造型2：**

这幅作品的眼线使用了倒钩眼线的画法，整体眼妆干净清新，立体生动。妆面浅淡凸显眼线的刻画，倒钩眼线使眼型看起来立体而别有韵味。浓密的假睫毛与黑色眼线衔接得比较自然，如果粉红色眼影和T字部位稍稍用珠光粉提亮一点，整个妆容会更显时尚。对眉毛的描画处理有些毛糙，眉型欠佳，多少有些影响整体的美感。

**造型3：**

这张作品使用大面积红色来演绎，颇具中国风特色。红色在妆容中是非常不好运用的一款颜色，但在这幅作品中，作者运用得恰到好处。眼影的晕染由浅红到深红再到大红，最后与大红色眼线融合到一起，眼线在眼尾处自然延伸，与长长的黑睫毛搭配，味道很浓。红色头纱与红色眼线呼应强烈，但肤色后期处理得过于偏冷，嘴唇建议用无色来凸现眼线，眉型过于下垂。

**造型4：**

这幅作品与前几幅作品相比，眼线处理得算是比较中规中矩，突出了眼角和眼尾的部分，黑色眼线在眼窝与眼尾向外延伸，从视觉上拉长了眼睛的长度，眼睫毛的浓密度恰到好处，与黑色眼线自然衔接，面纱用得不错，很有造型感。眉毛与眼线搭配看起来有些突兀，处理得不够理想。总的来看作者美术功底很强，全方位考虑得比较多。

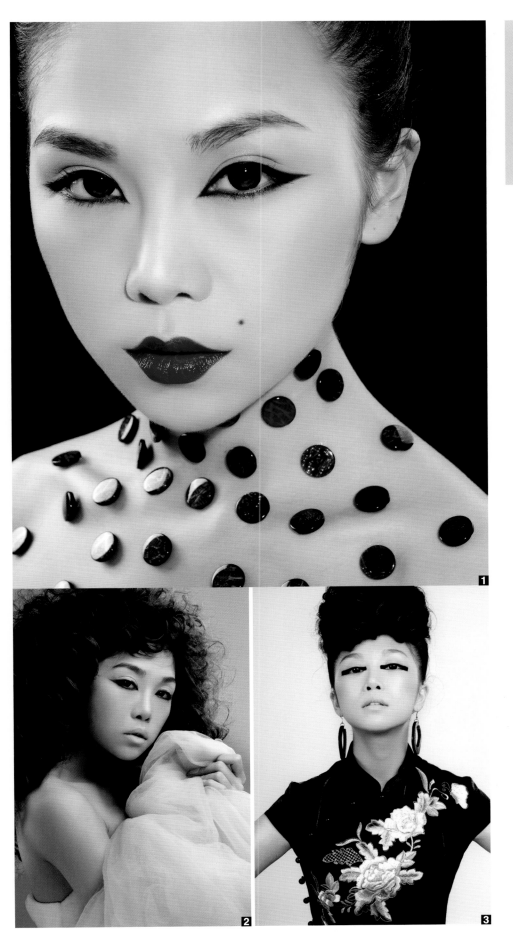

徐浩然

武汉米亚国际

## 赵元点评：

除了第二幅作品稍显牵强外，其他作品能够较好地表达出眼线主题，整组作品的不足之处在于对细节的控制不够好，一个好的化妆师，每一个细节都必须注意。

### 造型1：

这幅作品较好地突出了眼线这个主题。黑色眼线的描画清晰流畅，生动地刻画出眼妆效果。化妆师在眼妆的处理中，没有运用更多色彩，很好地突出了眼线的效果。可惜忽略了对睫毛的处理，这对眼妆来说其实是一个画龙点睛的步骤。唇彩可减淡几分，颈部的装饰效果还算新颖独特。

### 造型2：

三幅作品中，这幅作品对主题的诠释不够到位，没有很好地强调出眼线的效果。眼影晕染层次感不强，大面积黄色眼影的运用几乎抢掉了人们对眼影的视觉关注，与黑色眼线的衔接效果也不太好。妆面较平，发型与衣饰也不是很理想，还有不少需要改进的地方。

### 造型3：

这款造型是三款造型中最让人满意的一款，有种中西合璧的大感觉在里面。长方形眼线的另类画法体现出迥然不同的时尚感，纯粹的裸妆是为了更好地突出眼部妆容，化妆师对妆容的把握非常到位。可惜左右眉毛高度有点不统一，眉型如果再细一点，与眼线搭配将会更协调。发型也稍显沉闷。

**造型1：**

　　红白交叉的眼线，配合细长的眉毛，较好地体现了眼线的主题。红唇与红色眼线上下呼应，衬托出妆容的和谐统一，可惜白色下眼线的处理不够细致，如果勾勒得再细腻一些，会使妆容看上去更精致。模特肤质体现得不错，但作品中交待出来的元素使整体妆容稍显单薄。

**造型2：**

　　这幅作品视觉冲击力很强，古铜色皮肤质感浓郁，银白色荧光眼线刻画得很出彩，尤其是眼尾处的处理，有别与常规眼线的形态，能够很快抓住观者的眼球。红色唇妆使作品看上去流露出几分神秘色彩，感觉作者在用图片说明些什么。

**造型3：**

　　运用黑白两色打造出眼线的主题，作品重点描画了上眼线，黑白两色很好地强调出眼睛的轮廓感，黑眼线增加了眼睛的深邃感，与眼睫毛衔接得也比较自然，问题在于白色眼线描画得不够细腻，这个问题值得注意。

**造型4：**

　　这幅作品整体质感不错，刻意淡化的唇妆和腮红使眼妆在整体妆容中立体突出，亮彩的眼影也加强了眼部的关注度，可惜没能突出强调眼线的主题，属于眼影的表现盖过了眼线的表现。

**韩涵** 北京境界摄影

**赵元点评：**

　　整组作品能紧扣眼线主题，每款眼线的刻画均富于变化，体现出化妆师的基本功底，可惜作品中没能传达出更多的造型信息，未免有些遗憾。

# 粉调春妆

**特邀嘉宾**
**任立**

"中国化妆造型十佳"、"中国十大化妆师"，是国内唯一同时获得影楼和时尚两大最高殊荣的化妆造型师、国家级化妆考评员

《中国美容时尚报》封面造型特邀化妆造型师、撰稿人，《红楼情》剧组主创化妆造型师

出版新书《黑光影楼化妆造型宝典》、《新娘100%》的主创化妆造型师

其作品常年刊登发表于《今日人像》、《人像摄影》、《中国美容时尚报》、《美容化妆造型》、《瑞丽》《LADY》、《黑光影楼网》等全国时尚权威媒体

现任黑光摄影化妆培训学校执行校长

粉色是春妆的绝佳体现，以粉色为主色调，打造粉嫩春日妆容。

1

**任立点评：**

造型师将粉色和其他颜色相搭配，打造出浪漫娇媚的春日柔粉妆容，符合主题要求。每款造型的不同可看出造型师的思维比较活跃，如果再加强一些对色调搭配的控制，整体造型会更时尚。

### 造型1：

这款用粉色轻纱和粉色礼服为主体烘托春妆的造型，既体现了女人的浪漫风情，又凸显了春天的轻盈飘逸，整体色调统一协调。如果把粉色眼影晕开，颜色再减弱一些，感觉会更会好。唯一不足的是粉橙色唇彩的运用不够时尚。

### 造型2：

这款造型用扶朗花与粉橙色妆容配合，整体色调柔和、粉嫩，以扶朗花毫不张扬的个性塑造出一个初春女人的纯净。若在眼影的处理上桔色与粉色再对称些，两边眼线的修饰统一些，整款妆容会更精致。

### 造型3：

这款造型以粉色为主色调，运用多种鲜嫩润泽的春季色彩，将妆容点缀得纯净、娇艳、明媚，体现了女人的妩媚性感和尊贵自信。若眼线再加黑一些，且达到内眼角，眼型会更好看，眉毛也需刻画得更真实一些，蕾丝应再服贴一些，将额边的黑发藏起。

倪妮 昌平鼎摄影工作室

## 任立点评：

　　造型师对三款妆面的打造比较精心，干净细腻，委婉清透。花朵的选择也别有用心，很好地呼应了春妆的主题要求。但从某些细节的处理来看，造型师如果放开思路来做也许会更好。

**造型1：**

　　色彩把握很到位，妆面干净，饰品的选择及佩戴位置把握较好，发型细节的处理应再加强。五官的处理有些刻意，如眉毛修饰得过于雕琢，眼影再晕开些会更好，口红应再红润些，与头饰相呼应。

**造型2：**

　　整体造型很舒服，给人精致自然的感觉，花朵饰品突出了春天的圣洁和典雅。眼影、唇妆的颜色与花朵的色彩呼应较自然，发型设计比较有动感，弧度还可整理得再流畅些。

**造型3：**

　　这款造型的整体配色比较清淡，淡淡的粉色设计使模特的面部显得有些苍白，不够有立体感。眼影若有些设计感会更好，头部的花型设计需将发际边缘全部包住才好，头纱的形状还可以调整一下。

林子

向春锦化妆造型培训学员

## 任立点评：

　　造型师很好地抓住了粉调春妆的主题要求，粉色轻纱与花朵的搭配使这几款妆型看上去很贴合春天的气质，大气甜美，浪漫典雅。色彩在整体造型中运用得比较合适，可见造型师的功底不错。

**造型 1：**

　　这款妆面构思较好，时尚感强，充分体现出化妆师的技术功底，但眼影的重点色处理不够，眼线的处理破坏了眼型的效果，同时手的摆放显得颈部有点杂乱，纱和额头的衔接有些脱离。

**造型 2：**

　　整体造型突出了新娘的活泼可爱，造型手法比较有韵律感。妆面中肤色的处理比较统一，但眼部处理还有所欠缺，眼线可拉长一些，两眼及睫毛的修饰应加强对称度。

**造型 3：**

　　这款造型比较简洁，眼部的棕色眼影与唇部的玫红色配色不够漂亮，建议再加强色彩的应用。真发设计的干净利落，与花的配饰还应再服贴些。花的选用与佩戴方法突出了女性的浪漫与典雅。

娟子

齐齐哈尔市娟子造型

佟杰

大连纯印摄影工作室

## 任立点评：

　　整组作品的色彩设计很养眼，明亮缤纷的妆容给人以春风佛面的感觉。皮肤质感都很清亮通透，但要注意整体造型的搭配效果是否美观。另外，头发等细节处理得更干净一些效果会更好。

### 造型1：

　　这款造型的妆面自然明亮，妆容色彩缤纷，皮肤的通透性处理得很好，突出了妆容的明亮与干净，是一款不错的造型。建议对真发的处理再精致些，不要有杂乱的碎发出现。

### 造型2：

　　眼部彩绘的设计灵活、随意、有动感，肤色也处理得比较统一，但眼部彩绘与花饰设计在一起显得有点多余，太过热闹，花的摆放也过于突出，如果选取少量的花枝做点缀会更好。

### 造型3：

　　妆面干净，彩绘处理得比较到位，造型纸的层次不够丰富，整体感觉有些突兀，如果将裸露的黑发掩藏起来，脖颈处的首饰去掉或换成钻饰，整体会更加凸显春天的干净与清新。

# 阳光海滩妆

关键：
长裙、草帽或是热辣的比基尼，海军衫沙滩裤加上人字拖鞋……打造阳光海滩的小美女。

特邀嘉宾

*Tony*

绯闻造型商业化妆造型培训机构校长
曾获亚洲发型化妆大赛亚军
曾荣获2006年度中国职工教育和职业培训协会颁发的《优秀教师》证书
担任北京化工大学形象设计专业特聘客座教授
担任中国形象大赛国家级特邀评委
国家级化妆评委
担任《今日人像》2008年度全国化妆造型精英大赛评委

充足耀眼的明媚阳光，湛蓝清澈的开阔大海，在这样的季节，女孩们应该怎样装扮来配合沙滩上这浪漫唯美的情调呢？健康肤色的靓丽美女又应该如何为自己画一个海滩妆？本组作品让我们领略到了浓浓的夏日情调。性感泳装搭配灵动的轻纱，尽情展现着女孩曼妙的身姿，轻透的妆面、无瑕的肌肤与轻舞的秀发一起感受着夏日的骄阳……

1

常熟亲密爱人彩妆总监

# 杜艺双

美的。

**造型1：**

这款造型整体搭配协调统一，蓝白的经典搭配，加之古铜色的花朵和最 IN 款式的咖啡色凉鞋，可见造型师对时尚的灵敏触觉和对整体造型的掌控。在妆容上主次分明，色彩搭配协调，整个画面和谐统一，时尚而简约，在细微之处可见造型师的时尚品味。

**造型2：**

此款造型在色彩搭配与服装款式上显得有点中规中矩，如果白色 T 恤在比例上做些调整，如将它剪短，露出模特的腰部，同时把项链上的花朵去掉，可能会显得更加随意而时尚。如果将高跟鞋换成同色系的拖鞋或编织鞋，整体造型将会更加完美。

**造型 3：**

降低饱和度的画面，给人时尚和憧憬的气息。今季流行的碎花，绑带的凉鞋，给人强烈质朴的波西米亚风格，但是造型师在选择造型上却选择了 BOBO 头，让模特给人以安静贤淑的感觉，避免了波西米亚风格中的热辣和野性，使得整个画面变得优雅而不失性感，端庄而不失浪漫。如果在模特的指甲上再注重一下细节，整个造型就更加完美了。

**造型4：**

浓重的眼线，浅色的唇色，黄绿色系的经典搭配，整个妆容如果在眼影晕染和眉毛细节的处理上再细致一些，造型看上去会显得更加完美。前景用绿色芭蕉叶来掩映，以及天空的朵朵白云，点出了热带阳光的感觉。但对脖子的处理显得比较突兀，看起来不太自然。

## *Tony点评：*

造型师能够紧扣创作主题，将主题所要求的表现元素尽可能地用到极致。在画面整体色彩上，告别了传统意义上的阳光灿烂，降低色彩饱和度，而是加入灰调子，富有创意，视觉上让人感到很舒服，给整组作品加分不少。这组作品在主题立意、整体把控以及造型的配合上，都是相对完

李芸

黑龙江省海林市九龙化妆摄影技能培训学校

### Tony点评：

选手能够很好的抓住主题展开创作，但整体造型缺乏创意，造型师比较中规中矩地完成了此次"命题作业"。

### 造型1：

整体造型色调和谐统一，在服装的搭配上不够大胆，如果去掉比基尼外面的白色T恤，用比基尼同色的碎花布或纱替代现在的包裹下身的布，那样也许就更加协调和出位了，面部的化妆稍显浓重，如果眼线和眼影再浅淡一些，整体会更加协调。

### 造型2：

被海风舞动的秀发在空中飘荡，让人有马上要奔赴海边的冲动，和谐的色彩搭配，加之模特的表现力，给人遐想的空间感，如果睫毛的处理更生活化一些，唇部再含蓄一些，整个妆容会时尚许多。

### 造型3：

色彩搭配热烈而协调，整个画面热情而有张力，浓烈的丝巾绑住凌乱的秀发，既实用，又美观，很好地起到了装饰作用。如果闪亮的唇彩换成哑光唇膏，造型将更加完美。

宋竞杰

创世边缘摄影工作室

**Tony点评:**

    造型师可以很好地运用主题进行创作，但是在色彩运用、色彩搭配上，以及服装款式的选择上，时尚感都有所欠缺，还可以有所突破。

**造型1:**

    整体造型过于传统，在色彩搭配上不够协调。如果将头巾的颜色与泳装上的粉色统一匹配，手上的手镯变成浅蓝或明黄，这样整体造型就会更加阳光和具有视觉冲击力。背景变成白色整体将会更显明快和清新。

**造型2:**

    肌肤古铜的色调、金属质地手镯的运用、黑色的纱，散乱的头发，模特的表现给人以阳光下野性和性感的感觉。如果在唇部有所调整，把唇彩变成浅咖啡色哑光唇膏或浅米白色哑光唇膏，这款造型上将会更增添阳光、时尚、野性和性感的感觉。

**造型3:**

    这款造型浪漫而含蓄，深浅不同的黄色，给人节奏的变化，下身圆点波普风格的图案，腰间的花朵是整个造型的点睛之笔。造型师在眼影的刻画上，如果用单纯的颜色，比如黄色或者浅粉色，也许能够更好地突出模特婉约含蓄的个性。

# 完美裸妆
## 点评

## 裸妆的技术要点

### 1. 粉底要轻薄

　　首先，粉底的选色很重要，在自然光下找出一种接近自己肤色的液状的粉底，用手指轻轻推匀，让粉底与皮肤贴合。建议不要使用海绵，否则容易产生厚重感。抹开了之后，再扑上一层薄薄的蜜粉，有助于固定妆容，在夏天尤其需要。

### 2. 眼妆要明媚

　　裸妆对眼部妆容的要求是明亮清澈。不宜用夸张的颜色，淡咖啡色很适合亚洲人的皮肤，是最不易出错的颜色，也是可以随意搭配服饰的"百搭"色。可用淡咖啡色眼影分层次打出眼部的立体感，再用米白色提亮眉骨和眼头。睫毛也是明亮眼妆的关键，在刷睫毛时，上睫毛可刷深色睫毛膏，下睫毛可用浅一点的，这样的搭配组合会让眼睛更明亮有神。为了让妆容看起来清新，眼线有时不需画，具体要看模特的眼睛形状来定。

### 3. 眉形要自然

　　自然的美妆少不了自然的眉形，可使用比眉色浅一号的眉粉，利用眉刷从眉头至眉尾顺向刷过，按照原有的眉形淡淡描画，不必刻意修饰，眉毛的颜色可以与发色协调一致。搭配上无瑕的底妆，整个人就变得清新靓丽。

### 4. 腮红要粉嫩

　　腮红可以修饰脸颊轮廓，给你健康肤色，展现或可爱或阳光的妆容。用大号粉刷将胭脂打在两侧脸颊，刷子越大刷出的颜色越自然。为了体现肌肤质感，还可以将润肤液轻拍面颊，创造无痕妆容。

### 5. 唇彩要晶莹

　　唇彩是整个妆容的点睛之笔，选择一款光泽度很高的透明或者粉色唇彩，刷出一种水润欲滴的效果，整个妆容就靓丽起来。

眉毛颜色偏红，应与发色相接近。

眼影晕染手法较熟练，但两眼的睫毛处理不对称。

唇部纹理干涩，不够水嫩。

**整体点评：**

　　具有光泽和透明感的底妆，使用高光突出脸颊位置，增加面部立体感和气质感的橘色腮红和裸色唇彩，彰显模特纯净的独特气质。对于透明裸妆来说，在处理眉毛很少的模特时，应该用眼线笔将眉毛一根一根描画出来，使其有自然生长的感觉。这款裸妆整体感觉很好，如果眉毛再自然些就完美了。

眉毛颜色层次不够协调均匀。

假睫毛处理过于生硬，可再逼真一些。

腮红不够明显，饱和度可再提高。

**黄楼**
（广西百色）

**整体点评：**

　　粉底的处理过于厚重，应使用较薄的粉底液，假睫毛的粘贴可以再自然一些，可以剪成各个小段后再粘贴。粉嫩的唇色、简洁的造型是这款裸妆的点睛之笔，但是由于腮红饱和度不够，使整体妆容略显苍白。

评点嘉宾
**陈菻（陈菻彩妆）**
中国电影电视化妆委员会会员
北京首届职业技能大赛化妆组冠军
上海十佳形象设计师
国家级化妆等级评委
国家技师级化妆师
2009年风尚彩妆大赛最佳化妆师

眉粉痕迹太重，文理不够清晰。

假睫毛粘贴不够自然。

腮红不够明确，位置应靠近笑肌。

发型凌乱显得没有层次

**邝子娅**
(广西南宁)

**整体点评：**

　　细节处理上需要再加强，眉毛的纹理可用透明睫毛膏来体现，假睫毛要粘贴得自然，底妆颜色一定要均匀，特别是人中的位置。整体妆容比较清新，水嫩的唇给整个裸妆带来了生气，如果把腮红打在笑肌上整个妆容会更加出彩。

眉毛形状没有弧度，不够生动。

睫毛处理不够到位。

唇部质感很好但颜色过淡。

腮红色彩及位置不够明确，使整个妆容比较苍白。

**整体点评：**

　　眉毛的处理比较到位，能看见眉毛的纹理很清晰，眼影颜色自然，但睫毛的细节处理还没体现出来，腮红也应该再明显一些。整体妆容不够生动，没有体现出模特神气活现的青春感。

**黄春媚**
(广西南宁)

眉毛清晰自然，但形状可稍粗。

右下方睫毛处理不够自然，没有弧度。

腮红不够明显。

唇部纹理干涩，不够水嫩。

**王亭文**
(广西合浦)

**整体点评：**

　　底妆颜色清透自然，让模特拥有了一个健康白皙的肤色，眉毛纹理清晰，眼线流畅，唇色也很自然，但缺少水嫩清透的感觉。如果腮红打在下外眼角的位置可以让整个妆容更加柔和。

睫毛稍显凌乱，右眼线不够流畅。

**雷茵雅**
(广西南宁)

**整体点评：**

　　底妆很干净，腮红的位置和颜色比较准确。眼妆清透自然，但眼线的描画不够精致，应注意睁眼后的眼线要保证流畅自然，睫毛的处理上应加强，使上睫毛比下睫毛要稍浓密一些。整体妆容显得自然清秀，只需要再注意一下眼部细节的处理会更佳。

# 花语

## 与花卉有关的妆面作品

**造型 / 岳晓琳**
**摄影 / 胡宇**

当我创作这组与花有关的彩妆作品时，我想设计得比以往的此类作品更为唯美一些。透过这些花材表面的色彩语言，用另一种角度和表现手法来诠释我对花卉独特的理解，也可以说是想要颠覆人们普遍意识里对花的印象，以达到追求创新的目的。

创作彩妆的时候，经常要做的是根据某种造型材料的特质，提炼出可以表现在妆容中的重点。这次用两种手法分别对一种花进行诠释，其中手法、色彩以及表现形式都要考虑在内。

整组作品是在和摄影师商量之后采用了黑色背景，宁静且容易突出色彩。我刻意将柔美的色彩之后的残酷一面表现出来，任何一种美丽的背后，隐藏着的另一面也是很美的，只是那种美是残酷的。用彩妆来表现的话，必须注意在色彩的组合上考虑画面的美感和形式感，一定不能追寻常规。拍摄前，化妆师就有了对于画面的想像，哪种颜色更能凸显，哪种形式更具新意，都是要考虑在内的。总之，创意无止境，更新的作品还在于大胆尝试。

## 绿掌

不是常见的花卉，但是在很多艺术插花里是很多见的，它的造型别致，颜色青翠。第一种表现自然是中规中矩，妆面上用黄绿色以及深绿还有一点金黄打造眼部，面积略大地晕染开来。唇色淡淡的没有太多色彩感，只有这样才可以凸显眼妆。而第二种表现形式希望有颜色能跳跃出来，于是选择翠绿色的油彩铺满下眼睑，制造溢出的感觉。这时绿掌花心的红色与溢出的翠绿色油彩形成鲜明的对比，依然不强调唇彩的颜色，让这绿色仿佛是从眼睛或者花瓣下漫出。

## 紫斑蝴蝶兰

一种美丽的让人疑惑的花，不知道那些紫色的斑点从何而来。我依然是先用大量的粉紫色均匀地进行大面积晕染，这样的紫色和粉色只会让人想到柔美的感觉，在上眼睑涂一些浅金色高光意在突出质感。可这不是我最想做的，于是我用紫斑蝴蝶兰遮住眼睛，遮挡住模特的眼神，而对唇部以花瓣的底色为基础描绘,这时的脸部不再柔美,但这正是我想要表现的某种残酷的感觉。

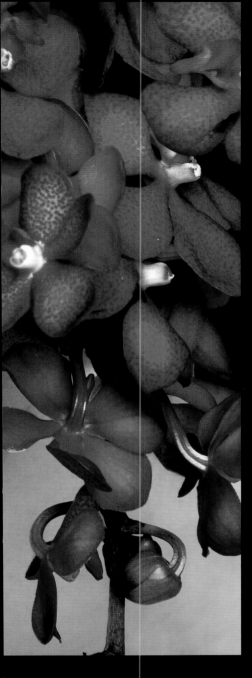

## 红色小洋兰

也叫"红兰"。很小的花，红艳别致。它总是让我想到日本浮世绘里女人的衣衫，于是红色的唇必不可少。想要亮点，便把金色的条纹印上脸颊，立刻就让造型中的东方味道显得非常浓郁。同时我还想让花的语言中有残败的一面，于是用红色的油彩粉底涂满了整个脸颊，花瓣则自然散落，一些红色和金色掺杂的碎粉增加了破碎感。

## 大花卉兰

　　绿色的，叶瓣厚实，颜色柔和，是花卉中高贵的典范。因此我在唇色的表现上采用了黑紫色唇膏并仔细地描画，而妆容就不再用任何颜色来扰乱局面的单纯，只将睫毛仔细地涂上清爽的睫毛膏，在一种安静的环境下衬托着怒放的花卉。唇彩换一种表现方式，用金黄的泛着珠光的绿色分层涂满嘴唇，再涂满透明唇油，然后让模特咬住花瓣，花瓣的渐变色与唇部呼应，感觉仿佛花瓣是要被吃进去，又或者是从口中生长并挣脱出来。

# 纯色与烟熏的诱惑

**资料提供 / 成都奎恩摄影工作室　　造型 / KEVIN　邹占　摄影 / RENO**

　　晶莹剔透的脸庞搭配粉红色的腮红，有着致命的吸引力。勾勒细致的黑色眼线，配上幽幽的天蓝色眼影，强调出层次感。用手指将珠光唇彩在双唇上稍加涂抹，增加饱和度和整个妆面的感性气质，令整个妆容充满了与众不同的诱感气息，温柔而又坚定。

烟熏

纯色

时尚裸妆的中性风格，色彩自然贴近肤色，粉底的色泽饱满并与颈部自然衔接。优雅、温柔的魅力来自这精致的妆容，如同一台色彩纷呈的舞台剧。如此轻薄自然的底妆

# 漫游魅力花园

**造型 / 打出角康（植村秀首席化妆师）  壮志（东田造型）  摄影 / 陈曼**

　　以莎士比亚剧作《仲夏夜之梦》为灵感来源，舍弃低调沉闷的色彩，选择艳丽缤纷的花朵元素，点缀出春夏两季最浪漫的迷人风情。一些跳跃的色彩让人有如沐浴春光般的明媚感觉，张扬率性的自我，在绚彩中漫游，如各色花瓣般的缤纷感，春夏妆的粉嫩色调绝对属于大自然系列，它带你走进明媚春夏季，感受洋溢在花间的轻松又兴奋的美丽心情。

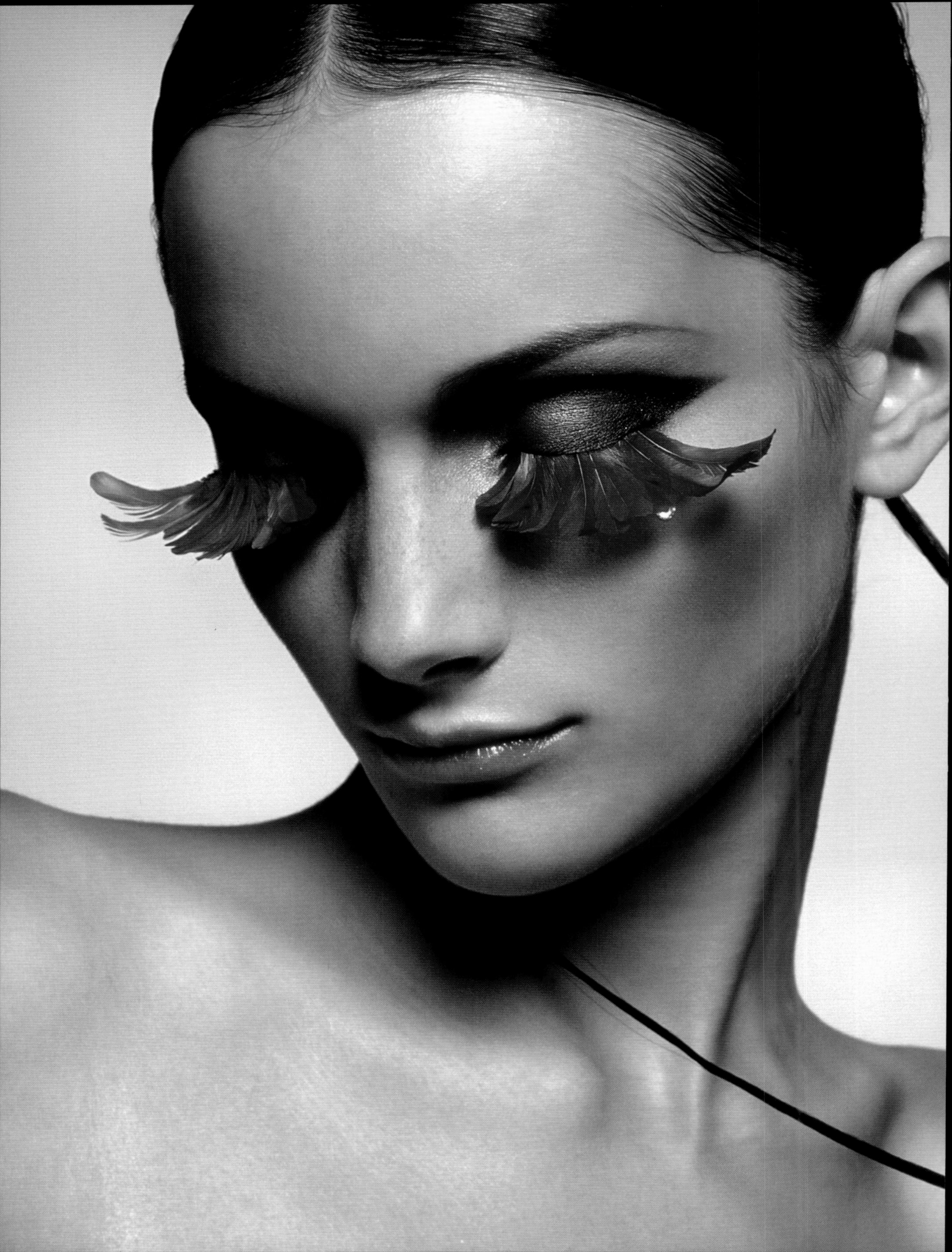

眼妆强调丰富的色彩变化，使用鲜黄与水蓝的对比组合，粉橘与粉红的色系穿插使用，其花朵般的绚烂色调能为妆容带来大地春回的新意，使用眼彩的亮白、金棕、银蓝等色彩能带来清凉的肤触，亦可凸显出充满个性的明亮眼神，展现出轻柔淡雅的性感魅力。

2008 年北京奥运会期间，"中国风"横扫整个艺术领域，细心的你会发现，身边的许多东西都透着一份久违的古典意味。

惊鸿一瞥的中国风

资料提供 / 北京般若视觉摄影有限公司

摄影 / 王实　造型 / 梅琳　模特 / 李丹妮　葛绘婕　顾蕾

彩妆造型界也不例外，设计师们卖力讨喜，用剪纸艺术、古典折扇、扑克牌等来表现奥运主题妆容，把民俗传统和奥运精神结合起来，巧妙地加入流行元素。同样有设计感的几种元素碰撞到一起就呈现出这般景象，让喜欢潮流和复古的人们都无法抗拒。

勾勒眼线是彩妆极为明显的一个趋势，尤其是液体黑色眼线，可以加强眼部立体感。纯黑的锋利眼线包裹住眼眶，或是在眼尾轻轻上扬，勾勒出清澈又高雅的气质。再加上似有还无的底妆、丰盈饱满的火红双唇，这正是让全球惊鸿一瞥的中国风美妆。

光踪魅影

**资料提供** / 北京 LIN MAKEUP
**化妆造型** 岳晓琳

摄影：郑雨

摄影：郑雨

摄影：郑雨

摄影：胡宇

摄影：胡宇

摄影：胡宇

摄影：胡宇

## 第 2 章

发

在整体造型中，发型设计的技术手法非常多变。运用编、拧、绾、盘、卷等不同手法可以打造出风格各异的发型。优秀的造型师会更加注重发型设计在整体造型中的修饰作用，比如，选择恰当的发型设计可以修饰脸型的缺点，真假发结合可以修饰发型的饱满程度，如果再选择一款合理的发饰，则更能起到画龙点睛的作用。本章内容实用性很强，涉及发型设计中常见的各类技术手法，对提升造型师处理发型的综合能力有很大启发。

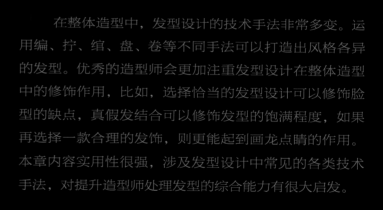

型

# 实用外景新娘发型

**资料提供** 王福成摄影化妆学校
**造型** 罗音 **摄影** 李晋

越来越多的新人选择全外景的婚纱拍摄方式，作为化妆造型师，在为客人设计发型的时候，要考虑到服装、发型和外景场景的整体配合，又要考虑发型在外景的持久性，设计出最适合她们的发型。

犹如邻家妹妹般的可爱，给人以亲切的感觉，也是大众都欢喜的类型。这种造型的重点是整体看起来非常清爽，不复杂，常搭配传达可爱感觉的饰物，如丝带、花边、头巾、发箍等。

## Tips

1. 为表现出邻家女孩的清切感觉，发型的弧度不可做得太高，太高的发型会比较有年龄感。

2. 在头饰的选择上不要太过花哨，突出一个主要的就可以了，太复杂的饰物与表现的主题气质不搭。

1 用挑梳将刘海的头发稍做倒梳，使其蓬松而有型。

2 顶区头发也做倒梳打毛处理，增加发量使头发有一定支撑力，外表梳光向后整理成饱满的外围弧度固定。

3 将后区头发做一个全包，将头发都隐藏好固定。

4 取一条长丝带固定在顶区主体造型前面，并在侧面做一个大蝴蝶结后固定。

**1** 先将头发分区，然后用挑梳将装饰区的头发打毛，使刘海显得蓬松、自然。

**2** 造型区的头发再分上下两区，上区头发边拧边加发量，两边的头发都向中间位置拧紧固定。

**3** 下区头发做法同上，与上区造型形成统一、平行的效果。所剩发量做出微卷的长发效果。

**4** 在头发的各个层次之间用小发钗点缀。

利用编,拧,扭的手法来表现头发的层次效果,同时结合微卷的长发,充分表现出女性的柔美,秀慧的美丽。

## Tips

1. 在外景的拍摄当中，刘海是最容易弄凌乱的地方，我们可以通过倒梳打毛的手法，使头发连成片状，这样才不会轻易地被风吹乱。

2. 在边拧边加头发的时候，要使头发看起来干净而有层次，在每加一股头发的时候一定要均匀，力度和发量尽量控制一样。

3. 两边的头发都向后固定，固定的发夹一定要隐藏好。

4. 后面留出来的长卷发，可以根据发量的多少来做不同的处理，如果发量多，我们就可以直接使用模特的真发做卷就好，但是如果发量太少，看起来很稀疏，我们也可以适当的加入一、二股假发来补充。

帽子是一个不错的造型元素，在外景中很多的造型师都会用到它，这次带给大家的就是利用纱网和花来共同完成的一组帽子造型。当然我们也可以利用现成的礼帽来完成，这样会更方便一些。

**1** 头发中分，分别向两边扎马尾固定。

**2** 两个马尾稍做倒梳，增加一定发量，外表梳干净后挽成一个球状并固定。

**3** 取纱网遮住额头后，再在耳后的地方固定发夹。

**4** 再取两个一样的花饰对称固定在两个发球的位置。

## Tips

    1. 帽子大小、样式的选择也要因人而易，不同的脸型、不同的身材、不同的身高以及不同款式的礼服都会配合不一样的帽子，不可盲从。

    2. 在戴礼帽时，一定要将模特本身的头发发际线周围的毛发、鬓角的短发处理干净，不要在礼帽的边缘出现多余碎发，那样会看使造型看起来不整洁，很凌乱。

这款造型突出模特青春可爱的气质，利用模特自己的头发的质地、长度结合不同造型手法来完成。

**1** 将头发边分，发量多的部分倒梳，向一侧做有弧度的包发固定。另一侧向后做扭转固定。

**2** 将所有留出来的头发向一侧方向分两股扭转，然后用皮筋绑紧。

**3** 在头发少的一侧用花蔟式头饰固定。

**4** 用同样的小花在编发弧度处固定，来表现头发的层次效果。

**Tips**

1. 在编两股发辫的时候，要注意力度，最后用皮筋固定的时候，注意不要穿帮。

2. 要注意头饰与发型的配合，头饰的摆放要更好的表现主体发型。

3. 在外景的拍摄过程中，为了使造型不会因为外在的因素变的松散，不牢固，我们要使用一些固定效果好的饰发品。

# 秋色华丽发型

**资料提供** 菲迅主义　**造型** 晴晴　**饰品提供** 梵谷饰品

**1** 将头发上好卷度，依次有里向外卷好。

**2** 将中排头发从头顶开始逆刮至后头颈头发处。

**3** 然后将刘海分出，中排表面梳亮。

**4** 逆刮侧面头发至发根。

**5** 将前中区预留发放一点下来，注意用尖尾梳往后包及侧边做线条连贯。

**6** 再往耳后区，后区头发逆刮出发丝蓬卷度。

**7** 前中区预留发梳往右侧发，连贯整体线。

**8** 压夹侧边头发使之与后区头发连贯。

顺滑的圆弧线条，带点成熟大人风的卷度发髻，整体发型加上宫廷味浓郁的发饰，与礼服完美融合，流露着憧憬幸福的温柔感。

运用具优雅质感的卷度做出蓬松盘发造型，加上项间的俏丽花饰，塑造出相当独特的待嫁之美，能将晚礼服穿出别出心裁的新鲜风味。

**1** 将全头头发逆刮处理后，将前区眉峰之间的头发夹起预留。

**2** 右前侧区头发成状梳光亮扭转定于靠脑中心方向。

**3** 右耳后至后分成3束，用扭转方式夹起固定，左侧头发同右侧处理方式。

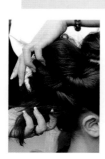

**4** 将最底部的头发成束状扭转上收。

**5** 将中区预留头发放下，调整后包弧度及头发线条。

**6** 将前区预留的头发部分覆盖后包，增加弧度。

**7** 前区顶上头发逆刮发根头发须绵密紧实。

**8** 前区顶上头发向后平均分散于全头再用尖尾梳轻梳表面至光亮，且有松度。

以蓬松带点凌乱的大波浪卷发盘成的发型，搭配蕾丝礼服，让华丽闪耀。

如果要塑造成出带点蓬松凌乱的自然发线弧度，发线弧度的发型层次最好要鲜明一点，而发尾上卷会使发型层次分明。

**1** 右侧、左侧至全后脑的头发逆刮，让头发具有丰盈感。

**2** 手抓出右后发卷蓬度后，用发夹固定。

**3** 将左边头发往右边抓拢出弧度及丰盈感。

**4** 用手指抓发线条并固定。

**5** 高束后发弧度，调整注意表面的光泽。

**6** 别将头发固定死了，要注意发线的立体自然卷度。

**7** 后脑的蓬松发髻会显得较丰盈。

**8** 用梳子仔细地将细发梳至发尾处。

**1** 前段中区头发预留，将两侧鬓发扭转收夹靠中心点。

**2** 中段中区头发以扭转方式在上面做朵发花。

**3** 装上一球小假发于后脑用来增加发量。

**4** 装上假发片后，置于后头上方。

**5** 将耳后右侧头发收夹在球状卷度的假发上端夹好。

**6** 继续收左后侧发头收夹在假发球上。

**7** 选中长度假发上好卷度补在假发球上方。

**8** 后脑的头发覆盖接头，整理发流线条。

优美的浪漫大卷发束搭配上粉色黑色蕾丝的紧身礼服，十分协调。由于礼服线条较为简单，只要运用同色调帽饰点缀，就能拥有美丽形象。

# 婉约编发

编发能够展现新娘的典雅婉约之美，要打造一款别有韵味的编发发型，还需掌握一些基本的编发技巧，同时要注意发饰搭配的细节。

**资料提供** 爱华彩妆工作室　**造型** 李爱华　**摄影** 中摄组老西

**1** 先将整体头发分成两侧发区和后发区，用夹子将头发夹起固定。

**2** 把整个后发区的头发分小缕，用窄夹板做成大点的发卷。

**3** 将后发区表面梳理干净，挑起发卷交叉编织，整理成髻，将发尾收进发髻的最下面，收拾干净。

这款优雅的韩式编发，脑后发髻由发卷编织而成，蓬松而别致，使发型充满空气感，编发髻的想法新颖，对挑编的手法要求较高，是这款发型的重点。

**6** 选择一款带有珍珠的皇冠戴在头顶，发髻处别上几颗珠花发卡，一款韩式味道的新娘编发完成。

**5** 发辫随着从前向后的弧度一点点收到下面，最后把发辫尾部收到发髻里面。

**4** 两侧头发用加股辫子的方式设计，加股是要加两侧最外侧的头发，每一缕要分量均匀，松紧均匀。

从一侧起，运用编双面加股辫的手法，将头发辫成一个大发辫包在脑后是这款发型的重点，刘海编成的发辫营造出斜斜的弧度，编发时要注意松紧适度。

**1** 将脑后的头发在中间分出一小撮，用皮筋扎紧，拧到一起固定。

**2** 把准备好的一个假发包固定到小发髻上，前面分出刘海区头发。

**3** 从头发的左侧起编双面加股辫，跨过假发后慢慢收紧，梳理光滑。

**4** 把编好的辫子收到假发包右侧里面稍空的位置，用卡子固定，整理好后用干发胶定型。

**5** 用单面加股的方式编出刘海斜向下的弧度，耳际处要提前松下来，发尾处再慢慢收紧，与脑后的编发衔接固定。

**6** 选择香槟色的蝴蝶结饰物，斜斜放在刘海尾部和后脑辫子收尾处。

1 分出刘海区域，把其余头发向下梳理平整。

2 两侧分别从耳朵上方采用单面加股的方式编辫子，并向后下方延伸。

3 注意辫子编得要包住下边的发髻线，且边缘平整，弧度柔和。

这款编发的要点是两侧采用单边加股的方式，编发向后颈部中间集中，两侧编发的衔接处要平滑，且弧度自然，突出简洁柔美的发型特点。

6 选择水钻发卡饰物在刘海处稍加点缀，突出发型的简洁柔美。

5 刘海向右后方向梳理，编成一条向下的三股辫子，尾部隐藏到头发缝隙里。

4 编至后颈中间部位时，把两侧的辫子尾部内卷，藏到里面并包住固定，使衔接自然流畅。

**1** 将头发分成刘海区、两侧发区和后发区，把后发区的头发用皮筋扎紧，夹住收起。

**2** 准备一个和发色一致的假发包，用细网格把假发兜住收起，夹到后区头发上。

**3** 从两侧耳朵上方开始编辫子，单面加股加细缕，向后下方延伸，编至后脑中间部位，固定。

在编两侧头发时，注意编好的发辫要能够包住假发包，真假发衔接要自然。刘海采用拧的方式，饰品要结合刘海的走向来佩戴，使整体发型更流畅自然。

**4** 把两条辫子的尾部藏到假发里面，包好，要盖住假发与真发衔接的痕迹。

**5** 将刘海的头发分两缕向后下方拧紧，收到耳后隐藏夹住。

**6** 选择圆润珍珠链子搭配发型，使整体发型大方、华贵。

百变波浪卷

资料提供 曦烽培训
造型 海瑶
摄影 谷知霖
后期 东升
模特 刘朵朵

浪漫卷发

波浪卷发犹如女人流露的万种风情，可以被造型师打造出多变的气质，或温柔妖娆，或狂野奔放，或甜美可爱……百变的长卷发始终没有退出时尚舞台。

1 将头发从头顶分成前后两个发区，用大号电卷棒把后发区头发上下交叉烫卷。

2 后发区分成两侧及后侧三缕，后侧头发编成松散的蝎子辫，留出发尾卷发。

3 刘海区运用三加一的编法编成发辫，只加内侧头发，辫子要松散。

4 将头发后区与刘海区的辫子做自然的松散衔接。

5 两侧头发用三加二的编法编成蓬松发辫，留一半长度作为发尾卷发。

6 将两侧的蓬松发辫向后旋转固定，留出发尾的卷度并整理发型轮廓。

# 复古式卷发

1 将头发三七分，把所有头发梳向一侧。

2 选用平行烫法用大号电卷棒分层烫卷，烫卷时一定要靠近发根。

3 把烫过的头发做成大卷筒并用夹子固定。

4 烫卷全部完成后，放开卷筒，用钢丝梳把卷梳开。

5 整理卷发造型，把发卷摆出流畅自然的线条。

6 最后选用干胶为发卷定型。

# 日系狂野卷发

1 选用中号电卷棒用交叉烫法给头发烫卷。

2 用手把烫好的发卷抓开打散,并分出头顶区。

3 用工具在发顶区的发根处烫玉米须,提高蓬松度。

4 两侧头发的发根也须烫玉米须增加蓬松度。

5 选用尖尾梳用倒梳的方式将头发分层打毛。

6 用手指将发尾头发向上推,整理出乱中有型的效果。

**韩式甜美卷发**

1 先将头发适当分层，并用夹子固定。

2 用电卷棒在距离发根约十厘米处开始向下烫卷。

3 两侧头发的发尾选用交叉烫法烫卷。

4 顶部头发在距离发根约十厘米处开始烫卷。

5 最表面一层的头发向外卷烫，做出外翻的效果。

6 整理头发的卷度和轮廓，并用干胶定型。

# 典雅旗袍发式

**发型一 束盘式**

**资料提供** V2视觉微晨培训机构

旗袍作为中国传统女性服饰之一，因能完美凸显女性优美的身材曲线而广受欢迎。旗袍搭配发式多采用盘发、手推波、发髻等，或高贵典雅，或温文婉约，都表现出十足的女人味。

**1** 将头发分为刘海区和后脑区，后区头发在头顶扎成马尾。

**2** 马尾全部倒梳打毛。

**3** 用包发梳将打毛后的头发由前往后梳成圆球形。

**4** 用发卡固定发尾，注意发尾和后区头发的衔接。

**5** 刘海用梳子打理出S型，体现女性的柔美。

**6** 选两排珍珠发夹在前后发区衔接处点缀，增加层次感。

## 发型二 卷推式

1. 将头发分为上下两区，刘海区用手推波做出 S 型。

2. 右侧区头发顺势推出弧形固定，使其形状流畅。

3. 刘海区剩余头发做第二个波浪形。

4. 左侧区头发做外翻波浪形。

5. 将两侧后区头发做成小包发，打造复古的感觉。

6. 侧面整理成衔接流畅的上下两个包发。

发型三 卷束式

1 整体头发做卷,留出刘海,将头顶区头发向后固定。

2 左侧头发全部梳向脑后,并固定。

3 将全部后区头发向右梳理,固定在右耳后,整理出螺旋卷。

4 右侧头发在耳后做外翻卷,向后固定。

5 将饰品佩戴在右耳后,起到点缀作用。

6 脑后发卷整理蓬松饱满,打造复古浪漫感。

1 将头顶头发打毛后，梳出饱满的形状并且固定。

2 将两侧头发打毛，反手卷成外翻小包的形状。

3 后区头发三等分，分别向中心反手打卷。

4 将卷发全部在脑后固定成饱满的发包。

5 将发包整理干净，不要有多余的碎发。

6 选择一款暗色花饰佩戴在发包中心，凸显成熟韵味。

## 发型四 卷包式

# 风尚曼妙卷发

卷发张扬着女人的风情与妩媚，但怎样卷出别样的风情，则需巧花心思，用心设计。这几款别具创意的风尚卷发，展现出造型师精彩的创意。

**造型** 张浩然(东田造型)　**摄影** 孙超　**模特** 陈芳竹

　　这款发型的创意点在于卷发与直发的完美搭配，梳开后的发卷营造出极具层次感的波浪，整款发型揉合了古典的婉约与现代的帅气两种气质。

**1** 先将整体头发分成后发区和顶部发区，顶发区再中分成左右两个发区，用夹子固定。

**2** 将整个后区头发用夹板垂直拉直。

**3** 将顶发区两侧头发放下，然后用大号电卷棒将每缕头发做成发卷。

**6** 最后将后发区头发平均分到两侧，沿肩部自然下垂，整理干净，营造出卷发与直发相衬托的感觉。

**5** 将发卷全部梳开做成有层次的大波浪卷后，整理前额两侧的发卷，做出自然卷翘的效果。

**4** 将两侧发卷用细梳自上而下梳散，用手指轻轻把卷翘的发梢向上向外整理出自然蓬松的大波浪卷。

1 将头发从前额处梳理成一九分。

2 在头发较多的一侧，用大号电卷棒夹起适量头发，向外向后下方斜卷。

3 脑后的头发全部用同号电卷棒侧卷成大卷，注意卷到离发根三分之一处即可。

这款发型的设计慵懒而又性感，看似简单，但技术点颇多，卷发时方向的控制、长度的控制，以及将发卷梳开后的处理，都需要仔细把握。

4 然后将所有卷好的大发卷用细梳梳开，打散。这时发梢斜向外卷，形成漂亮的弧线。

5 将头发较多一侧的前刘海稍做打毛处理后，再将表面梳光滑，使刘海看起来更自然饱满一些。

6 整理后侧的全部头发，使其从右肩自然垂落。

这是一款轻快而富于动感的发型，两侧抓散的发卷平添了发型的自然和随性，重点把握对发卷错落有致的整理过程。

**1** 将头发分成前发区和后发区，后发区头发扎成马尾，两侧梳理平整。

**2** 将前发区头发全部向前梳理，然后用大号电卷棒向前垂直卷出自然卷。

**3** 后发区的马尾做简单处理，随意挽成一个发髻，整理干净。

**4** 用手把前发区头发随意抓散，然后用细梳梳开所有发卷。

**5** 把前发区梳开的发卷三七分开，向两侧梳理，露出五官。

**6** 最后将梳开的还带一定卷曲度的发卷整理成错落有致的形状，使发型更具动感和空气感。

这款发型由玉米须与大波浪卷共同演绎，表现清纯可爱的气质。玉米须的处理方式可谓有所创新，模特看起来像戴了一顶小帽子。

**1** 将头发自头顶分成前后两个发区，然后再将前发区按二八比例分开。

**2** 将前发区两侧的头发分层，用玉米须夹板自发根部夹出玉米须发片。

**3** 把夹好的玉米须发片在耳朵后侧用小黑钢卡夹紧，固定。

**4** 将另一侧玉米须发片同样固定在耳后，整理并收拾干净。

**5** 把后发区的头发从中间平均分向两侧，并用大号电卷棒做卷。

**6** 最后把两侧发卷用梳子轻轻梳开，打理成自然圆滑的波浪形状。

# 小脸发型4例

**造型** 杜艺双　**摄影** 杨雷　崔建新

除了依靠化妆制造面部的明暗过渡、明暗对比来营造小脸的效果以外，其实发型的变化和掩饰也能从视觉上营造小脸的效果。用发型营造小脸的效果，关键在于刘海和侧区、顶区头发的打理。

此款发型依靠隐藏的中空发髻作为基座，制造发型的弧度和蓬松感，加上厚厚的刘海达到小脸的效果。

**1** 先预留前额刘海为一区，用鹤嘴夹固定住。

**2** 将全部头发梳理到右耳后，做一中空发髻。左右留两缕卷发。手指将发髻左右交错撕开混在一起，加强蓬松微乱的自然感。

**3** 放下刘海区，用电卷棒针对过于扁平的刘海上卷，朝外向后的卷发能够让刘海更蓬松，线条更漂亮。

**4** 调整头发的蓬松度与发量的平衡感，可边喷定型水边用手指调整头发线条与后面的头发衔接。加上漂亮的小蝴蝶结。

梳到一侧的普通发髻经过电卷棒的处理，由死板变得富有动感，一缕缕的卷发和侧区的头发过渡衔接，在一定程度上修饰了模特的脸型。

**1** 先预留刘海区(三七分)，左右两边留下少许碎发，将后区所有头发梳到右耳后，做成一个中空圆形的发髻，留下少许碎发。

**2** 用手指拉出凌乱的线条，用发夹固定，让整个发髻看起来富有现代感不死板。

**3** 把预留下的碎发做卷，随卷的弧度打毛，让原本扁平的头发更富蓬松感。再与后面的发髻衔接，注意头发层次的衔接与线条的流畅。

**4** 将另一侧预留出来的碎发同样做卷。

将额头全部遮住的刘海不仅让造型变得更加复古和成熟，而且让原本的脸型显得更小，顶区侧区的头发作卷，打毛，使发型更加蓬松。

**1** 先分出眉峰间的头发为刘海区。

**2** 刘海区向上做拧包，再把余下的发尾做成复古型刘海。

**3** 左右耳边留下少许碎发待衔接，脑后区先打毛后向上做拧包。

**4** 把预先留下的碎发夹卷，调整头发的卷度与发量的平衡感，让整个头发弧度更圆润。

顶区完美的弧度在于头发打毛后收紧向上推，这是公主辫的基本梳法，再加上厚刘海和侧区完美弧线的发丝，温柔小脸的效果跃然而出。

**1** 先预留前额与侧边的刘海，并将蕾丝花边以斜 **45°** 角带上，不要正戴蕾丝花边，不然显得呆板。

**2** 将头顶区头发打毛后将表面梳光滑，收紧尾部向上推固定。

**3** 脑后余下的头发编三股辫做发髻固定。

**4** 左右两边的碎发向外做卷衔接。

# 夏日清爽盘发

六七月间，带着几丝清凉气息的盘发渐成风尚。怎样梳起长发，即美丽养眼，又兼顾清爽呢？这组清爽盘发提供了几分灵感。

**资料提供** 陕西金地美容美发培训学院　**造型** 崔永波　**摄影** 吉恩

这款盘发简单易学，发髻下面外翘的发尾增添了发型的随意和灵动，体现出优雅而俏皮的气质。

**1** 将头发分成刘海区和后发区。

**2** 把后发区头发扎成中高马尾，刘海区头发向后梳。

**3** 将刘海区头发拉向马尾根部，发尾绕在根部固定，马尾梳整齐顺时针拧。

**1** 把马尾辫拧成发髻，拧的同时把头发梳理干净。

**2** 将马尾的尾部发梢塞到发髻里面，用夹子固定。

**3** 最后将外翘的发尾梳顺，使其自然垂落。

收得干净利落的发髻由编发演绎而来，低低盘在脑后，显得低调而柔美。

**1** 将所有头发向后梳，扎成中位马尾。

**2** 把马尾辫按相同的发量分成四份。

**3** 用三股辫加发的方式编成发辫。

**1** 外侧头发在编发时向内向下收紧，形成饱满的编发发髻。

**2** 将每份头发编至发尾。

**3** 最后将几缕发尾向上卷起，藏到发髻内部并梳理整齐。

这是一款端庄大方、高贵而复古的盘发发型，整体发型精致优雅而不失清凉。

1 分出刘海区和后发区，将刘海梳向一侧并扭动固定。

2 在顶后区分出一区扎成马尾。

3 把左右两个侧区的头发做拧盘。

1 将马尾处的头发做成包发，固定。

2 将其余头发靠左侧向上梳，根部固定。

3 把左侧头发烫成细卷，盘小发髻，整理形状。

这款韩式盘发甜美婉约，手拉发圈方式做成的发髻很出彩，散发着浓浓女人味。

1 将头发分成刘海区和后发区。

2 刘海中分，将后发区头发扎成低位马尾。

3 从马尾中分出一束头发做两股手拉发圈。

4 将马尾细分，依次做手拉发圈，绕在马尾根部固定。

5 将刘海区的头发向后梳理。

6 将两侧刘海自然地拉向马尾，并将发尾收进发髻。

# 浪漫鲜花造型

在婚纱造型中，造型师们常会用到鲜花来点缀发型，让新娘的气质得到更好的体现。但发型与鲜花的搭配及妆容的协调上，怎样才能做到最好？需要根据不同气质运用不同的搭配方式。

**资料提供** 成都引力摄影化妆培训学校　**造型** 罗涛　**摄影** 叶仁　**模特** 索菲娅

复古造型的新娘气质高贵、成熟，而小菊花的可爱则为发型增添几分年轻可爱的感觉。

**1** 将头发分为顶区、后区，刘海的头发分到两侧区为中分做准备。

**2** 将顶区的头发根部倒梳，做出饱满的椭圆形状并固定。

**3** 将发尾打圈收紧并固定以做发型的基底。

**4** 刘海中分并同侧区一起收到基底发上（左右的方法一样）。

**5** 将后区的头发分两左右两区，并将之倒梳后向内打圈的方式固定到耳下。

**6** 将小菊花固定成类似发带的形状。

用包发与鲜花进行搭配。利用包发做出像帽沿似的感觉，再在发型一侧佩戴鲜花，做到与包发的完美结合，体现出新娘时尚个性靓丽的独特气质。

**1** 将头发分为刘海、两侧及后区，并将后区头发收紧使发尾向上。

**2** 将左侧区头发倒梳，增加发量和支撑力。

**3** 将右侧区头发倒梳。

**4** 将两侧区的头发均固定到刘海，增加刘海的发量。

**5** 将刘海处所有头发倒梳后向上固定，前额处将假发刘海固定。

**6** 后区头发倒梳到头顶使之轮廓饱满，再将惠兰错落固定于一侧。

创意来源于可口的蛋糕。优雅感觉的后包发搭配可爱的粉玫瑰，在头顶做出饱满的形状，优雅中带点可爱，将新娘打造出小公主般的独特气质。

**1** 头发分为五个区，刘海区，左右侧区，后区再分为上下两个区。

**2** 将后区的上区头发倒梳后固定作为基底，并将下面的区内的头发进行倒梳。

**3** 将后下区头发倒梳好后以向上打圈的方法收于基底并将其固定。

**4** 将两侧区的头发以打圈的方法收于基底，并注意与后区的头发形状自然衔接。

**5** 将刘海区的头发以斜刘海的方式处理，并同样收于基底上。

**6** 最后将粉玫瑰固定在头顶部，以椭圆的形状固定。

时尚自然的卷发一直是很多造型师喜欢为客人设计的发型，也是大部分女性喜欢的浪漫感觉。这款造型利用编结好的辫子和鲜花做出花环的效果，温婉的冷色调将新娘清新自然的气质体现得更加突出。

**1** 将头发分为前区和后区，再把后区分为上下两个区，每片头发都均匀喷上发胶。

**2** 将后区长发分成若干部分，并用电卷棒烫卷发尾。

**3** 再将头顶的刘海区分出圆形区，根据脸形调整分区的大小。

**4** 将顶区的头发用蝎子辫的方法将发尾全部编起。

**5** 将辫子全部收起，并环成圆形固定头顶。

**6** 最后将紫罗兰花饰围绕头部，左右分别固定成花环状。

# 全假发百变新娘发型

**造型** 向春锦　**摄影** 向冬　**模特** 何亮亮

## 发型一 浪漫型

　　波浪的卷发、贴脸的弧型发丝营造出浪漫的造型，花饰的选择更多了几分轻盈感。

## 发型二 俏皮型

　　斜对称造型是营造俏皮感的首选，有韵律感的发片走向加上蝴蝶的装饰，让造型更具动感。

**1** 将真发贴头皮整理干净，假发片在顶部朝一边固定。

**2** 用假发包住耳朵，向后呈弧形挽起固定于脑后。

**1** 发片一端固定在二八分的位置，用发片做斜刘海在耳后固定。

**2** 将发片向前扭转后再向后扭转并固定于脑后。

**3** 在太阳穴处用发卡把假发固定出一个波浪型。

**4** 另一个假发片在头顶固定，向后扭转再固定。

**3** 从顶部用第2个发片盖住第1个发片，并在脑后固定。

**4** 将发包固定到发髻上，注意真假发的结合自然，两侧是否对称。

**5** 用发卡把发片夹成大致三等份的波浪形状。

**6** 在每个波浪的凹处点缀花饰。

**5** 整理发片，用发卡固定出一个螺旋形。

**6** 选用蝴蝶形发饰按发丝的走向点缀在发丝交叉处。

造型师常常会遇到发量少或头发太短的新娘，此时真假发结合运用会成为造型师的惯常思路。本篇将使用一种全假发的造型方式，打造风格各异的新娘发型。

## 发型三 时尚型

夸大的蝴蝶结发型，不规则的蝴蝶形头纱，使造型充满时尚气息。

**1** 发片的中间用发卡固定后，斜放于发际线。

**2** 将发片的两端向后固定，使发片成蝴蝶形。

**3** 选择较硬的头纱对折，固定在发片与真发衔接处。

**4** 用推纱的手法把中间的头纱固定于头顶。

**5** 头纱两端向上打褶产生层次后，用发卡固定出蝴蝶结的形状。

**6** 将蝴蝶结发饰点缀于前面发片的中间。

## 发型四 婉约型

简洁而复古的波纹形刘海，侧分而饱满的发髻，呈现新娘的婉约气质。

**1** 将发片的一端固定在二八分的位置。

**2** 把发片向后挽，使之服帖并固定于脑后。

**3** 刘海区的发片用发卡固定出波纹形。

**4** 将头顶的发片向下压，贴头顶固定。

**5** 另一发片斜向摆放，盖住第一个发片的首端。

**6** 将发尾端向后扭转固定，佩戴好发饰以及头纱。

# 自制
# 典雅风情帽饰

**资料提供** 林晨化妆造型工作室　**造型** 林晨　**摄影** 孟伟

这组帽饰的打造，主要配合浪漫典雅、复古奢华的整体造型风格。纯净无暇的妆容，搭配简单的包发和珍珠的耀眼光泽以及花瓣形的花边礼帽，营造出清新唯美又极具奢华感的法兰西优雅复古风情。

## 款式二

**制作素材：** 白绸布，珍珠，白纱网，半成品小纱帽，针线，水钻，玻璃枪和玻璃胶。

**1** 先将白色水钻用玻璃枪沿帽子边缘粘贴。

**2** 将白色纱网做出自然的褶皱，用玻璃胶粘在帽子顶部。

**3** 用白色绸布制作成蝴蝶结粘在帽子的一侧。

**4** 蝴蝶结的中心粘上几颗水钻做点缀，帽子顶部再均匀粘上珍珠。

## 款式一

**制作素材：** 珍珠，白纱，白色纸板，针线，剪刀，蕾丝，水钻，玻璃枪和玻璃胶。

**1** 用剪刀剪出一个椭圆形的纸板作为帽饰顶部，再剪出一条长纸板作为帽檐。

**2** 用针线将帽子顶部与帽檐缝在一起，帽饰的雏形基本就做出来了。

**3** 在帽子上均匀涂上玻璃胶，用蕾丝将整个帽子包起来。

**4** 将水钻紧密排列，用玻璃胶沿帽檐粘贴。

**5** 把白纱用抓纱的手法折叠出形状，粘贴在帽顶。

**6** 帽顶的空白处用珍珠和水钻均匀排列，一款帽饰就做好了。

## 款式三

制作素材：白色纱帽，蕾丝，珍珠，白色花瓣形蕾丝花边，玻璃胶，剪刀。

1 用剪刀将普通白色纱帽的帽檐剪下，拆掉帽子上的假花和白纱。

2 将白色花瓣形蕾丝花边从帽子边缘粘起。

3 把整个帽子用白色花瓣形蕾丝花边呈螺旋状全部覆盖。

4 最后把白纱抓出形状，粘在帽子的一边。

## 款式四

制作素材：白色纱帽，蕾丝，珍珠，白色花瓣形蕾丝花边，玻璃胶，剪刀。

1 用剪刀将白纱帽的帽檐剪下，拆掉帽子上的假花和白纱。

2 把剪下的帽檐用剪刀修剪成月牙形状。

3 沿月牙形帽檐外围粘贴一圈蕾丝。

4 接着将白色花瓣形蕾丝花边在月牙帽檐上继续粘贴。

5 将珍珠串围绕帽檐边粘贴，使其视觉上更显奢华精致。

6 用玻璃胶把帽檐两边紧紧粘住，精致华贵的帽饰就制作完成了。

# 1 款妆容 8 款发型搭配

**造型** 卢汉权（权威造型） **摄影** 殷建（合肥维多利亚） **模特** 陈晓燕

时尚漂亮的新娘是女人一生中最美的时刻，而百变的造型也是每位新娘心中的期许，没有人甘愿在结婚的日子里只用一款不变的发型。同款妆容下，简约实用的发型变化能彰显新娘魅力指数。

## 时尚梨花

线条柔和是梨花头发型的关键。

 **发型操作** 将头发全部倒梳使其蓬松，再刮平头发表面，用大号电卷棒向内卷出优雅的大C型卷，喷上发胶定型。

**发型搭配** 梨花头的最佳伴侣是蕾丝小礼帽，它们能碰撞出优雅甜美的气质。

## 柔美朋克

柔美新娘也有辛辣朋克的情节。凌乱的发丝将朋克精神一丝丝渗入到新娘造型中。

**发型操作** 将头发烫卷，前后横向分出四等份，从后区开始以小到大的渐变方式向上扭卷固定，挑出凌乱的发丝以彰显朋克个性，最后用定型喷雾固定。

**发型搭配** 在发型侧面随意点缀羽毛，叛逆中增添了一丝柔美，体现甜美与酷辣的完美结合。

### 优雅灵动

随意散落的波浪清爽宜人，新娘灵动多变的妩媚在层叠起伏的发型中跳跃舞动。

发型操作 将头发用大号电卷棒向外翻卷，分出刘海区、两侧区和后侧区，两侧区头发向顶区倒梳固定，后侧区也同样倒梳扭卷固定，刘海区头发向一侧扭卷固定。

发型搭配 挑起几缕发丝，营造动感灵动的效果，在一侧配上别致绢花，营造浪漫新娘的优雅风情。

### 气质名媛

新娘是优雅美丽的，简约柔和的发型展露着新娘的自然气质，提升新娘的迷人魅力。

发型操作 用大号电卷棒把头发向外翻卷，营造蓬松飘逸的波浪卷。将发卷梳向一侧并整理出纤巧柔媚的造型设计，使新娘流露出秀丽柔美的纯净气质。

发型搭配 别致的绢花发饰戴在头上，使发型少了几分单调，多了几分生动，体现新娘浪漫温柔的特质。

### 轻羽魅惑

轻灵的羽毛赋予新娘性感魅惑的色彩，富有动感的造型流露着几分巧妙精致的心思。

发型操作 将顶区与刘海区的头发倒梳，向后梳理固定，再将侧区与后区的头发倒梳，增加头发丰盈感，发尾扭卷在后区固定隐藏。

发型搭配 在顶区的一侧配上轻盈的黑色羽毛，使新娘瞬间多出几分性感神秘气质。

## 法式慵懒

大大的花朵,蓬松的卷发,以及自然垂落的发丝,让新娘有种法国女人的妩媚慵懒气息。

**发型操作** 将头发烫出蓬松的发卷,刘海自然向外翻卷,发梢做出优雅的弧型向后固定,侧区和后区的头发随意扭转向顶区固定,再挑出几缕卷曲的发丝自然垂落。

**发型搭配** 卷曲的发丝中配上精致的绢花,使整个造型更加立体,富有层次感。

## 妩媚不羁

妩媚的盘发,哑光的裸唇,凸显利落眼神,演绎新娘不羁的绝美。

**发型操作** 将头发烫卷,分出刘海区、侧区和后区,两侧区的头发扭转向顶区固定,后侧区的头发也扭转向顶区固定,发尾有层次地垂向一侧,刘海区向一侧翻卷。

**发型搭配** 在发型的一侧配上黑色网眼纱,妩媚中透出神秘的气息。

## 温婉灵羽

温婉盘发体现新娘的优雅高贵,轻灵柔软的羽毛跳跃着纤美动人的清新韵味。

**发型操作** 将头发用大号电卷棒烫卷,分出刘海区、两侧区和后区,刘海区头发向顶区扭卷固定,将两侧头发顺着烫卷的弧度做手推波纹,其中一侧留一缕头发自然垂下,后区向上扭卷固定。

**发型搭配** 给发型配上灵动的羽毛,与发卷相呼应,有种线条的延伸感。这款发型的搭配将浪漫情怀与古典气质巧妙糅合,展现出新娘的温婉风范。

### Tips

1. 速变的过程,可通过电卷棒、假发、饰品等辅助造型,达到快速改变发型的效果。

2. 新娘盘发用得较多,可通过改变发丝的流向和发髻的大小与位置,再结合刘海的变化,展现风格迥异的造型气质。

3. 发型速变时,手法要尽量简洁,不宜繁复操作,自然随意的发型才不会死板生硬。

**点评嘉宾 雪松**

东田造型兼曦烽社化妆
艺术总监
曾任北京吉芬服装春夏
时装秀首席造型师
曾任CCTV《美人坊》
嘉宾主持，特邀化妆师
2006年范思哲北京王
府饭店周年庆典时装秀
首席造型师
2006年中国纺织摄影
协会时装摄影比赛最佳
化妆奖
2009年中国国际时装
周彩妆造型大赛银奖

# 韩式优雅盘发

韩式盘发是影楼中常用的发型，以典雅
精致著称，发型可衬托出东方女性的典
雅、含蓄和优美。搭配合适的头饰，打
造精致优雅的韩式盘发。

1

郑晨曦

大连梁义美妆摄影会馆

## 雪松点评：

这几款造型我认为近乎完美，将韩式发型的优雅、端庄体现得淋漓尽致，无论是盘发的手法还是整体造型上，都体现出造型师非常扎实的基本功，是一组很唯美的韩式盘发造型作品。

### 造型1：

这款发型将传统的韩式盘发作了一些演变，配上淡淡的彩妆，让人倍感清爽。后颈部的发髻层次丰富，若再简洁光亮一些会更有质感。

### 造型2：

这款发型在传统的韩式盘发基础上作了一些变化，发型的重点集中在后脑部分，手法很细致，如果能选择一款更精致的头饰，会让整体发型更出彩。

### 造型3：

造型师通过运用很别致的头饰，打破了传统发型的死板，使发型看上去既带有古典韵味，又不失时尚感，侧面头发的纹理倘若再多加一些层次会更好。

### 造型4：

一款非常适合新娘当天庆典的造型，唯美的造型略带夸张，却不失新娘的优雅与端庄。发髻部分作了精心的设计，层次丰富，如果整个发髻部分的设计再简洁一些会更有时尚感。

## 雪松点评：

这组作品整体造型的反差很大，从不同角度演绎了韩式盘发的优雅、唯美，选手没有落入传统的俗套，略加新意的造型也不失韩范儿，有些地方再增加些体积感或蓬松感会更出色。

### 造型1：

这款发型将传统的韩式盘发作了一些演变，配上淡淡的彩妆，让人倍感清爽。后颈部的发髻层次丰富，若再简洁光亮一些会更有质感。

### 造型2：

造型师利用卷发的纹理变化设计了这款发型，这也是韩式发型中常见的手法。造型师对卷发的纹理走向处理得还可更明确一些，应该再加强其整体波浪感。

### 造型3：

这款发型的创意很大胆，未走韩式发型的传统路线，发型蓬松时尚，妆容清新淡雅。选择这款头花可将发型再做得蓬松夸张一些。

### 造型4：

将传统的韩式发型作了改变，融入了造型师自己的想法，别致的头饰为整体造型增色不少。发型外部轮廓的造型设计略显随意，发型的表面纹理层次变化不够。

飘飘　宁波铂菲映像摄影会馆

### 雪松点评:

这组作品的整体造型自然大方,清爽唯美,选手有较强的造型能力,但发型处理得稍显琐碎,致使整体感觉不够大气,在造型的过程中要学会利用减法,可有可无的头饰最好省略。

**造型 1:**

首先这是一款很受大众欢迎的造型,清新自然,非常凸显模特自身气质。前刘海的处理太过生硬,后部的卷发处理也过于随意,造型感不强。

**造型 2:**

具有较强的形式感,很古典也很唯美,手法上也有所突破,搭配清爽简洁的妆容很协调,若将腮红加重一些,会有更强的视觉效果。头饰选择一些精致的配饰会更精彩。

**造型 3:**

这款发型将刻画的重点放在脑后部分,有较强的形式感,但细辫子的造型有些琐碎,失去了韩式优雅造型的简洁稳重感,前刘海的设计也有些不够细致。

**造型 4:**

长卷发是很多新娘的首选发型,这款发型很有大众说服力,但从外形上看不是太符合韩式优雅风格,白色丝带也有些生硬。

李芸

黑龙江省海林市九龙化妆摄影技能学校

## 雪松点评：

这组作品整体造型的反差很大，从不同角度演绎了韩式盘发的优雅、唯美，选手没有落入传统的俗套，略加新意的造型也不失韩范儿，有些地方再增加些体积感或蓬松感会更出色。

### 造型1：

这款发型给人耳目一新的感觉，简单大方，带着东方的含蓄之美，妆容也搭配巧妙，以一款红唇为视觉中心，性感迷人，从侧面看，发型的后下方再增加些层次会更显优雅。

### 造型2：

这款发型的微妙之处是对刘海的设计，中分会让女性显得娇小可爱，烫完大卷又增加了一丝浪漫感，完美再现了韩式公主造型。

### 造型3：

这款发型融入了西方古典主义的风格，颈部留下的几缕卷发又增添了一些东方古典的韵味，是一个很不错的创意。

**常清**

杭州粉蝴蝶婚纱摄影

　　强调以清柔薄雾般的眼妆展现女人的柔情浪漫，眼妆皆染上了温
煦明亮的粉嫩、咖啡棕色系，利用自然的晕染技巧取代眼线的强烈线
条感，展现温柔女人本色。如丝绒般的高雅唇色，最适合秋冬季节。
整个容妆像蜜糖轻裹着白色的糖屑，那种甜蜜浓得化不开。

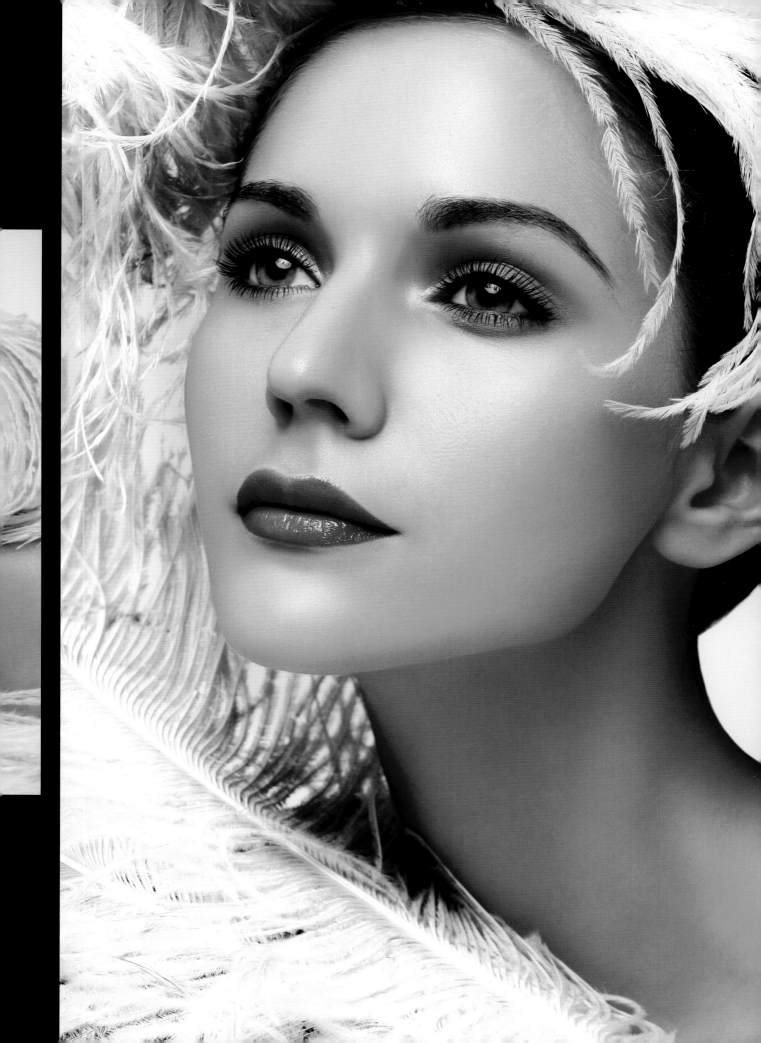

# 当浅淡恋上优雅

**摄影 / 郑雨（瞳孔时尚）**
**造型 / 雪松（东田造型）**

　　这组为《COSMOPOLITAN》拍摄的妆容作品，运用了柔和的笔触创造出淡雅简洁风格。作品传递的浪漫风情，恰如其分地展示出女性的温婉、优雅和甜美，淡雅中还有几丝复古的气质，于安静处流淌着清清浅浅的优雅气息。

　　整体肤质没有刻意强调阳光健康的裸妆，而是呈现一种清新的裸妆，回归肌肤的自然色泽，体现出一种柔和的美感，传递着高贵与优雅的氛围。抛却秋妆常用的深棕色调，以浅浅的金黄、淡淡的胭脂粉红、柔和的大地浅绿、馨香的薰衣紫等色调，呈现秋季最具灵性的色彩性格。

夏朵

摄影 / 李绍斌　化妆 / 湘湘　模特 / Mariya（Esee Model 英模文化）

　　她不是红尘间的女子，她不是云层中的仙子，她不是树梢上的魅惑女妖，她是夏日里盛开的花朵。披一袭水样的白裙，泻一头如缎的秀发，不知怎样的灵秀孕育了这样的美，恬静从容。她的香气，初时浓郁，近而愈淡，渐缥缈，令人逐足寻香，深嗅忘返，于是索性忘了来时的路吧，在深浅不一的色泽中，在柔软细腻的花瓣中迷失一回……

白色艳遇

资料提供 / 楚楚化妆摄影职业培训学校

造型 / 文　楚楚　　摄影 / 张曦

　　白皙的肤色和肌肤自身的光泽被光线雕刻出朦胧的轮廓，让女孩如同优雅的雕塑般坚强又柔美。湿妆效果的眼妆，优雅的黑色眼线令双眸如被泪水打湿般润泽。颧骨处线条明快，浓烈的红唇勾勒出性感、美轮美奂的双唇，娇艳欲滴，如盛情绽放的花蕾。硬质光线透过透明的头饰，光泽犹如阳光下的晨露，散发出精致而珍贵的气息。

# 双面精灵

**造型 / 李雪松　摄影 / 栗子 雪松**

有一种情绪在发间张扬释放，个性而不失优雅，总是让人充满灵性，有点可爱无邪，又有点阴郁鬼魅。宛若精灵的女孩出现的一刹那，整个世界仿佛简化到黑与白，只有她，特立独行地释放着魅人的力量。

当你看到她静静地倚在一角，缓缓如百合绽放，心情总会是愉悦的。华贵的美艳肆意释放，淡定的外表下掩藏着一颗狂野的心，

## 第 3 章

主

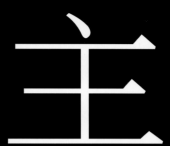

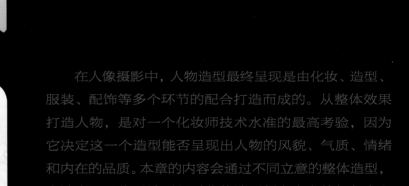

在人像摄影中，人物造型最终呈现是由化妆、造型、服装、配饰等多个环节的配合打造而成的。从整体效果打造人物，是对一个化妆师技术水准的最高考验，因为它决定这一个造型能否呈现出人物的风貌、气质、情绪和内在的品质。本章的内容会通过不同立意的整体造型，向读者展示优秀造型师对化妆造型创意丰富的想象力和娴熟的操作技巧，从多重角度介绍整体造型的打造过程以及详细的技术操作手法，希望广大同行可以从中得到学习与借鉴。

题

# 约会春天

## 绿野仙踪VS人面桃花

**造型** 婷婷　**摄影** 小可　**服装场地提供** 重庆飞色　**模特** 西西

**婷婷技巧讲解**

- 上粉底的阴影时应稍微重点强调脸部的轮廓。

- 眉毛自然加粗，微微上扬以提升气质，眼线用炭黑色强调眼线，眼尾上扬，画法要流畅干净。

- 棕色笔画出图腾轮廓，修容笔沾取黄的绿的油彩将绘好的图腾填满颜色，注意上另一种颜色的时候把笔上的残留颜色擦拭干净，保持妆面干净。

- 将模特头发放下来，然后用直板夹将头发拉直拉顺，突出它的自然柔顺。

**妆面步骤**

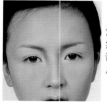 **1** 使用比肤色略深的粉底，然后再将T部高光重点提亮。

 **2** 加深眉毛，用眼线笔沾取炭黑色眼影膏从眼角均匀画至眼尾，用大号腮红自然地刷在颧骨处。

 **3** 棕色笔勾勒图腾线条，修容笔沾取油彩填颜色，绿色勾线条，用黄色填空白处。

 **4** 先用修容笔勾勒完美的唇形，然后用无名指沾取黄色油彩将整个唇部填满。

**裹纱步骤**

 **1** 先将绿色的纱衣斜搭在右肩，绕过身体在左胯连接。

 **2** 整理肩部的纱并与内衣的肩带连接固定。

 **3** 在肩部再添加一层纱备用。

 **4** 造型的重点在肩头的抓纱，将纱层叠折进去，让纱展开后出现层次和空间感。

## 婷婷技巧讲解

● 用和模特肤色接近的粉底，在勾勒轮廓时不要太过明显，需均匀过渡。

● 刷大面积腮红的时候要用大号的刷子均匀的晕染，要均匀地自然过渡。

● 用食指上口红要通过点压的手法，不用上高光唇彩，看上去更加粉嫩。

● 整体造型的物件不能过多，在抓纱的时候在用别针固定纱的时候尽量做的有层次感以及流畅的线条感。

**妆面步骤**

**1** T部的高光和深浅两色的粉底来塑造脸型轮廓。

**2** 用深橘黄淡淡勾勒出眉头的形状，也营造出一定的阴影效果，可以不用强调眉毛。

**3** 粉色腮红大面积晕染脸颊，再用中号眼影刷在眼皮和眼角重点晕染。

**4** 用无名指沾取粉色腮红均匀点在嘴唇上。

**发型步骤**

**1** 选择米色齐腰假发，将假发套在头上，不要露出真发。

**2** 假发的两侧扭转挽在两边，用卡子卡住，再选择两缕垂下的头发修饰脸型。

**3** 在左侧区点缀上几朵粉色的桃花瓣，并用小卡固定。

出镜造型师
**婷婷**
曾任重庆金夫人首席造型师、重庆玛雅摄影首席造型师、获得《今日人像》造型擂台优胜奖、现任重庆飞色摄影工作室首席造型师

## 造型师手记

在春暖花开的日子里，我与春天有个约会。儿时对春天的记忆，除了一片片粉粉红红的花，还有鲜鲜绿绿的嫩芽和岸边的垂柳，一切历历在目，红与绿的色彩演绎着春天的氛围。第一款造型里我将桃花和杜鹃的粉色色彩元素，揉进了腮红，烘托出人面桃花之美，蓬松微卷的假发，加上粉色贴花裹纱，又平添了自然飘逸的波西米亚味道。第二款强调的是眼部妆的描画，粉绿和黄色的油彩图腾象征的是绿色的憧憬，搭配以缠绕于身的绿薄纱衣，多了一份绿野仙踪的感觉。

人面桃花造型设计来源于春天里盛开的粉色的桃花、樱花、杜鹃等，它们构成了这次拍摄的灵感，整个妆面造型没有其他的颜色，就整体一个粉色调。服装就是一块缀满粉色小花的长纱，飘逸清新的感觉凸显了春天美丽的粉。

绿野仙踪灵感来源于春天的盎然生机，一片片粉绿的新芽充满着新鲜的活力。粉绿的妆面重点在于眼部的粉红和黄色的油彩图腾，服装就是一块嫩绿色长纱，经过我的精心制作变成了一件精致的披肩，它更像一只能飞的翅膀，使整个造型增添了一些飞扬的青春感。

绿野仙踪

人面桃花

出镜模特
**西西**
西西是一个五官特别精致的女孩，高高的鼻梁，饱满的嘴唇，眼睛很大但微微有点下垂。不过正好和初春唯美慵懒的感觉很贴切，粉红粉绿的妆面也很适合西西白皙透明的皮肤。

## 服饰DIY花絮

1. 将绿色网纱抓出层叠效果，并缝合
2. 拍摄进行中
3. 化妆师正在为模特裹纱
4. 飞色主创团队

　　左起：摄影助理刘韵、摄影师小可、模特西西、造型师婷婷

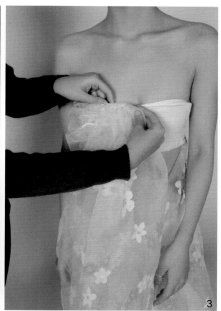

## 编辑手记

　　造型师婷婷能用最简单的披纱做出两款不同感觉的裹纱造型，体现了她在造型设计上不同于他人之处，飘逸彩纱的应用让春意更加盎然。第一款不同的则是在妆容上用黄绿两色勾勒关于春天嫩芽的图腾线条，第二款作品突出桃色眼妆以及飘逸的发型效果。细节中足见造型师的彩妆和造型能力，特别是在准确的主题色彩定位的表现上，使春色的娇媚与生机得以良好的诠释。

资料提供 江苏连云港非常印象新派婚纱摄影

# 黑白偶遇

**出镜造型师**
**闫琰**

非常印象新派婚纱摄影
造型师
获《今日人像》2007年
度造型擂台总决赛八强
称号

**造型师手记**

黑白——最分明的颜色，带着淡淡的丝丝流行和怀旧。它是矛盾的，又是吻合任何一个时代的主题，还是一种洗尽铅华之后的沉淀，是五颜六色永恒的主题和精华。浓重的黑色，纯洁的白色，都是永远经典的百搭色。我使用黑白搭配出的这两款造型，一款优雅宁静，一款时尚帅气。黑色稳重大气，白色赋予了造型更多的青春气息。白与黑总是在交替中永恒，永恒中留存。白色的善良搭配黑色的沉稳，黑色的稳重夹藏着白色的平和，它们相互补足、融合，带给人们最美的视觉效果。

**妆面步骤**

**1** 眉毛用眉梳梳理整齐，用眉粉刷出自然的眉型，眉尾略微平直。

**2** 用珠光白的眼影平涂整个眼睑，睫毛根部的位置用浅灰色眼影加深。

**3** 用眼线膏描画出细致流畅的自然眼线，不要太粗黑。

**4** 用接近唇色的肉色唇彩描画出水润的效果，唇部色彩不要太鲜艳。

**5** 使用粉光哑色的腮红，在腮部横扫出隐隐的红润感，腮红用嫩粉色。

**发型步骤**

**1** 刘海用电卷棒烫卷，再逆梳打毛，整理出饱满的圆弧。

**2** 后区头发在脑后梳拢，用假发垫出高度，梳理成发包。

**3** 在发包一侧，用白纱制的花朵装饰固定。

**4** 用较硬质的白纱随意的别在头顶，头纱一定要蓬松有体积感。

**妆面步骤**

**1** 用哑光的黑色眼影在眼睑上涂染出较大的面积,从睫毛根部加深,往外慢慢晕染出烟熏的效果。

**2** 用眼线膏加粗上下眼线,描画出包围式的眼线并且将外眼线拉长,增加妩媚感。

**3** 使用接近肉色的自然唇彩,淡化唇部,突出眼妆。

**4** 用哑光的砖红色腮红在腮部纵向涂染。

**发型步骤**

**1** 将头发梳理成长马尾,固定在头顶。

**2** 将发尾梳理成光滑的圆形发髻固定。

**3** 用两个大小不同的圆发固定假发在真发的发髻上。

**4** 用纯白色的粉底从额头发晕染到发上,使发际线与皮肤过度自然。

这款黑白配的造型所想表现的是宁静高雅的造型形象，造型之前，造型师选择的是一款简洁的白纱，上身用黑色缎布包裹，单肩位置和头饰使用手工制作的黑白色花朵呼应主题。

这款造型所表现的是黑白配的时尚感，上衣是用白布手工制作，层层叠叠的上衣搭配简洁的黑色短裤，帅气时尚。

## 编辑手记

如轻尘薄雾的白纱与宁静却出位的黑色丝缎在第一款造型中被巧妙地融为一体，这种自然的相融同样体现在妆面上，只是头纱的点缀略显随意，少了些许想法。第二款白色上衣的创作十分出彩，领部层叠设计大胆浪漫，易变化出多种造型，如果黑色短裤能选取中低腰的设计则更显时尚。

## 服饰DIY花絮

## 造型素材

手套

花朵装饰

黑色缎布

白纱礼服

DIY上衣

黑色漆皮皮鞋

黑色短裤

# 冷调伊人

**造型** 喻逢浩
**摄影** 李江浩 **场地提供** 子午影艺摄影工作室

**出镜造型师**
**喻逢浩**
2006年进入化妆造型领域
自由造型师
曾获《今日人像》擂主称号

## 造型师手记

　　模特是我的发小，从幼儿园开始就在一起玩耍，我非常了解她的性情：一方面，她和其他小女孩一样，有着色彩斑斓的梦，喜欢纯净的白色、梦幻的粉色，喜欢一切甜美可爱的东西；如今长大了，又时时流露出女性的妩媚和小小的性感。我相信这两种气质应该是许多女孩都希望同时拥有的。因此我为她打造了两款气质不同的造型，一款纯美可爱，一款妩媚性感。我用白色体现女孩的纯洁，用迷你短裙和稍显成熟的烟熏妆强调女孩的小小性感。造型无需繁复，力求用极简的视觉语言完成主题构思。

## 喻逢浩技巧讲解

● 模特适合淡淡的小烟熏妆，可用黑色眼影代替黑色眼线膏轻轻晕染眼线，这样的烟熏妆看起来不会太浓。

● 上眼线要在眼尾处向上轻扬，起延长眼睛的作用。画下眼线时，注意要眼角细、眼尾宽，轻细晕染。

● 小烟熏、长长的睫毛、深深的眼线把双眼打造得明亮有神，最后以肉粉色腮红和唇彩给妆容收尾，流露出女孩的纯真淡雅气质。

● 围绕裙子的腰线缝上一圈白色与香槟色丝绸做成的小花，使白色裙子看上去不会太单调。

### 妆面步骤

**1** 用咖啡色眼影在眼窝之间分小处晕染，靠近睫毛根部将颜色加重。

**2** 先用咖啡色眼线膏作为打底描画下眼线，再用黑色眼影层叠晕染。

**3** 选择肉粉色粉扑用在颧骨及双颊处轻轻按压，使脸颊看起来粉嫩细腻。

**4** 选用与腮红同色的肉粉色唇彩填满唇部，打造女孩健康自然的双唇。

### 发型步骤

**1** 先将模特的头发全部向后梳，在脑后梳成贴头的高马尾辫。

**2** 将头发围绕马尾根部盘起，梳成一个发髻，固定。

**3** 用准备好的短款BOBO头假发贴头带上，包紧发髻。

**4** 把发包固定于假发中心往后4cm左右，用银色发带系在发包和假发的分界位置。

## 喻逢浩技巧讲解

● 在睫毛根部用深色眼线笔描画上下眼线，眼尾处平拖拉长并且向上翘一点，让眼睛显得更大的同时，还能增加妩媚感。

● 底妆一定要干净，搭配的唇色不能抢走眼部烟熏的风采，自然色或是有点苍白的唇色都能和烟熏妆相搭配。

● 如果睫毛不够长，可粘上假睫毛，睫毛要眼头短、眼尾长，这样看起来眼睛更大、更有神。在近眼线的地方用深色眼影，也会让眼睛看起来更显大。

**妆面步骤**

**1** 淡色眼影在眼皮上大范围涂抹，然后用深咖啡色眼影在眼窝处内深外浅层层晕染。

**2** 将假睫毛紧靠睫毛根处粘贴，再刷上睫毛膏。

**3** 用腮红刷蘸取适量浅玫色腮红，刷出通透自然的双颊。

**4** 选用与双唇相近的自然色唇彩涂抹唇部，使双唇更加饱满盈润。

**发型步骤**

**1** 头发分成前后两个发区，前发区三七分，较少的一侧分成几缕，拧成发辫固定在前后发区分界处。

**2** 将其余的头发梳理整齐后，在头顶偏后的地方沿一个方向旋转拧紧。

**3** 最后将发尾部分梳顺，自然垂落到拧成的发髻一侧，形成刘海。

**4** 把手工做好的黑网发饰固定在额头斜上方，整理出需要的形状。

这款造型着重突出女孩的可爱、乖巧和纯真，模特的发型简单利落，可爱BOBO头结合头顶的圆形发包，配上一根银色发带，让整个造型散发出无比可爱的童趣。服装选用女孩最爱的白色丝绸蓬蓬裙，麻花式吊带可爱而俏皮。后期修片时，让漫天飞舞的蒲公英围绕着女孩，烘托纯美可爱的主题氛围。

这款造型重点表现模特的妖媚性感气质，造型师通过经典的性感烟熏妆、黑色网格头饰、气质小短裙等细节定下基调。服饰简单而经济，迷你超短裙由一件抹胸变身而来，缝上蕾丝花边，既弱化了皮质抹胸的硬朗线条，又平添了几分妖媚感。

## 编辑手记

要造型师在规定主题下完成实战操作，一般会有两种结果：千人一面或一人千面。这就涉及造型师的创新意识。本页的两款造型，纯美可爱的主题通常会流于粉红娇嫩，而妖媚性感主题大多会红唇当道。还好我看到的浩子作品没有落入惯常的思路，他的这组造型整体偏冷，相对素雅、简约，不拖泥带水，对主题把握得比较到位。作品在后期融入某些元素，为造型平添了几分梦幻感。

## 服饰DIY花絮

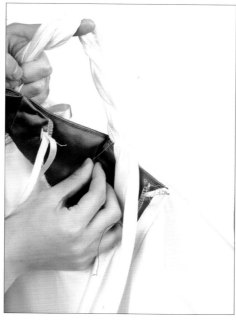

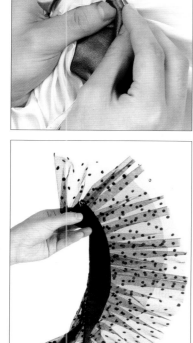

## 主创团队

子午影艺™
ZIWUYINGYI.COM 摄影工作室

## 造型素材

白色丝绸蓬蓬裙

白色皮鞋

DIY迷你超短裙

# 夏日之旅 ——4款外景造型巧变

**资料提供** 子午影艺摄影工作室 **造型** 刘刚 **摄影** 李江浩 **执行** 汪亚萍

**出镜造型师**
**刘刚**

凤凰卫视嘉宾造型师
精品杂志发型师
子午影艺签约造型师
多次晚会、发布会嘉宾化妆师
及明星MV、广告拍摄

## 造型师手记

拍摄时由于场地及工具的限制，换装、变妆等工作对造型师有局限性。本次造型实战以一件蓝黑色雪纺裙为主，克服换装困扰，通过与毛织小外套、花朵、黑色风衣进行简单的组合，并搭配不同的妆容，形成4种截然不同的风格。从青春阳光的少女形象，到性感成熟，到另类的彩妆效果，最后以黑白色系的中性风格结束。

## 青春阳光

本款造型表现夏日大自然中畅快愉悦的瞬间。雪纺纱裙搭配藕荷色手工针织小外套，头上戴一顶艳丽的草帽，蓬松自然的发型掩映着清爽的淡妆，整体感觉清新自然，体现出悠闲的田园风格和甜美浪漫的气息。

### 刘刚技巧讲解

- 造型的整体风格要轻松愉悦，体现回归自然的田园气质，妆容要清淡处理，各部分色彩要纯净、贴切自然。

- 发型则要制造出松散慵懒的感觉，搭配一顶色彩艳丽的草帽，用以提升休闲指数。为方便户外变换发型，头发的关键部位稍微定型处理即可。

- 黑蓝色雪纺裙是本次造型的主体服装，作为室外写真的造型选择，服装最好是比较百搭的风格，确定了服装，其他配饰就可以围绕它来挑选了。

### 妆面步骤

**1** 选用棕色眼影晕染，整体要柔和自然。勾画出眉型，自然颜色即可。

**2** 腮红以清淡、自然的色彩为主，突出自然肤质。

**3** 使用接近肉色的唇彩，自然透亮的质感符合夏日主题。

### 发型步骤

**1** 用大号电卷棒将全部头发卷出自然蓬松的卷发效果，并用梳子挑理出层次感。

**2** 从耳后平分前后两个发区，前发区从两边收起，用发卡固定，后发区自然下垂。

**3** 为方便佩戴草帽，将刘海处从头正前方向后全部向后梳，并用发胶收拾干净。

**一件风格百搭的蓝黑色雪纺裙**

**浓郁夏日田园风格的艳丽草帽，旁边的花饰是造型师从小店淘过来的单品。**

## 另类彩妆

　　将草帽上粉色的花朵解下来，别在蓝色裙子的肩带上，既变换了服装风格，又使整体效果突出了近乎红、黄、蓝三原色的视觉效果。假发色比较接近于肤色，因此面部要用大色块来为整体造型增色，服装主体为蓝黑色，肩部花饰为粉色，妆容中也照顾到这两种颜色的运用，这款造型的颜色单独看活泼跳跃，整体看统一协调，田野中极具神秘感。

## 刘刚技巧讲解

● 这个造型的关键在于对假发套的巧妙运用。假发套是齐刘海长直发的传统发型，调整角度，斜戴假发，让我们得到了可遇不可求的完美发型。模特的真发要尽量收得平整紧致，佩戴假发的方向也一定调整到最佳。

● 大面积的腮红主体颜色要与服装相搭配，视觉上才显协调。

**妆面步骤**

1 用黑白两色眼线笔在基础眼妆面上进行眼妆创意设计。

2 在原有眉型基础上，稍加重眉毛的颜色。

3 选择粉色眼影，从黑色眼线的边缘用手指向各个方向晕染扩散。

4 唇部用粉底打成肉色，中间用粉红色唇彩向两边过渡到皮肤原色。

**发型步骤**

1 头发全部向后收紧，扎成马尾盘在脑后。

2 将假发套斜戴，刘海部分斜垂下来，顶部固定在模特头发的一侧。

3 后面垂下来的假发向内发包住盘发髻，将外面梳理固定干净并。

4 调整发型效果，将假发的多余部分斜向后梳并固定，以保证正面和侧面效果。

# 性感成熟

　　这个款式的连衣裙没有明显的风格，比较百搭，单独穿着时可以通过妆面来达到不同的造型效果。金属色系的烟熏妆，与晶莹的唇色相配合，体现出成熟女人神秘、华丽的性感魅力。

花饰

简约黑白的风衣

奶白色皮鞋

**妆面步骤**

**1** 选择深金棕色眼影晕染，体现成熟、性感及神秘感。

**2** 刷上黑色睫毛膏，使睫毛浓密，眼神更具成熟韵味。

**3** 在颧骨处横扫肉粉色腮红，突出立体感。

**4** 选用淡色系唇彩衬托神秘眼妆，用水润质感的唇彩提高双唇饱满度。

**发型步骤**

**1** 将刘海单独分出来，其余头发从耳后分为上下发区。

**2** 把下半部分头发打毛后盘起，制作出饱满的发髻。

**3** 上半部头发分成若干细缕后扭卷，固定在后面发髻处。

**4** 刘海向后侧梳，与后面自然衔接，打理出蓬松自然的形状。

## 黑白中性

　　这款造型选了一件黑白两色的风衣，可以直接穿在蓝色连衣裙的外面，换装极为方便。整体形象比较冷酷、硬朗。我抛弃一切浓重的色彩，以简洁的黑白为主，只用粉底打出细腻、均匀的透明肤色，眉型适当加宽加长，在眉峰、眉尾等处进行细致刻画。通过发饰和妆容的变化，突出中性之美。

## 刘刚技巧讲解

● 发型要求干净、利落，没有任何杂发。

● 眉型是整个妆面的关键，要利落、硬朗并强调眉峰。

主创团队合影

### 妆面步骤

**1** 将原有妆面中色眼影等彩全部擦掉，用粉底补妆，打出透明肤色。

**2** 加重眉型的处理，强调眉峰的形状，使眉型看上去硬朗帅气。

**3** 唇色选用透明色唇彩涂抹，体现中性美的简单和精致。

### 发型步骤

**1** 头发向上梳成高高的马尾，然后分四缕由上至下打毛。

**2** 将打毛的头发合成一束形成饱满的发棒，发梢弯向马尾根部固定好。

**3** 用发网包住发棒并收紧，多余部分用发卡固定好。

## 编辑手记

　　夏天来了，顾客都喜欢流连户外，拍几组夏季应景的户外写真作品。值此缤纷季节，本期特别邀请造型师刘刚和模特姜峰为我们演绎一组室外的造型实战作品，为经常要出外景的造型师们提供一些可操作性的思路。想在外景拍摄中顺利完成造型，并圆满达到预期效果，前期准备必不可少，选择一件百搭的服装是基本前提，它往往可以通过不同的配饰、不同的妆容风格迅速搭配出多种效果。

华丽风潮

造型 闫琰　策划 李莺璇

## 闫琰技巧讲解

● 肌肤的质感是妆面的关键，选用浅色的膏状粉底用点压的手法打匀整个面部，粉底可以略厚遮盖原有的肤色，同时颈部、身体也要均匀地打上粉底。

● 为了突出整体造型的华丽感，此款造型我选择妆面的色彩在色度上都是比较弱的。苍白的皮肤透出隐隐的红润，浓密纤长的睫毛下深邃性感的眼神，营造的是维多利亚式的高贵形象。

● 眼妆着重强调了浓黑纤长的眼线，因为模特自身的眼型比较圆，而这款整体造型需要的是性感妩媚的眼神，所以在描画眼线的时候，外眼角的眼线和内眼角的眼线都刻意地拉长，在视觉上将眼睛的形状修饰成狭长的形状。

### 发型步骤

**2** 用白色的假发包在发髻上，将假发整理成型。

**1** 将头发梳光滑，在头顶收拢扎成发髻并用假发将发髻垫高。

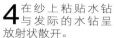

**4** 在纱上粘贴水钻与发际的水钻呈放射状散开。

**3** 用与服装同样质地的装饰纱在假发上做出层层抓纱的效果。

### 妆面步骤

**1** 烟灰色的眼影晕染烟熏的效果，眼尾部分着重加深。在一侧额头上不规则地粘贴水钻，并用钻石亮粉铺底，与发际线融合。

**2** 因为模特的眼型比较圆，在用眼线膏描画眼线的时候，眼尾的部分上扬，内眼角也向外拉长。

**3** 腮红选用了柔和的粉红色，搭配白皙的皮肤，显得皮肤吹弹即破。

**4** 唇部选用粉红色的透明唇彩涂抹，质感一定要轻透光泽。

 闫琰技巧讲解

● 这款造型利用复古的妆面与现代简约的造型混搭，服装与造型虽然选择的是最低调的黑色系，但是材质上选择的是富有光泽感的缎布面料，所以在视觉上同样营造的是高贵华丽的形象。

● 在第一个妆面的基础上，用眼线膏将原本晕染开的下眼线描绘出清晰的轮廓，使原本柔和迷离的眼妆显得更有时尚感。

● 使用了酒红色的亚光唇膏描绘唇部，再用深红色的唇膏将唇线加深，注意唇线与唇膏的深浅过度要自然，尽量将唇部修饰得饱满，这样整体的妆面更能显得时尚性感。

发型步骤

**1** 将头发梳光滑，分区。

**2** 将刘海向一侧梳光滑，整理出漂亮的弧度。

妆面步骤

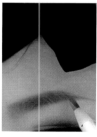

**1** 用浅灰色的眉笔一根根描画仿真眉。

**2** 用白皙的粉底打造白瓷一般的肌肤质感，用烟灰色眼影晕染烟熏效果。上眼线使用拉长眼型的手法描绘，下眼线描画出清晰的轮廓感。

**4** 将其余的头发梳成发髻，固定在头顶。

**3** 将制作好的发饰固定。

**3** 腮红选用了砖红色，从颧骨下方到耳际用腮红刷纵向晕染。

**4** 先描绘清晰的唇线，再用酒红色哑光唇膏将唇部描画出饱满的效果。

## 造型师手记

　　接到这个造型主题时，脑海里首先浮现就是维多利亚女皇——高耸的浅金色发髻，苍白的肌肤，神秘高贵的眼神……一切都浸淫在璀璨的珠宝与柔滑的天鹅绒中，所以第一个形象很快就在脑海中完成了。第二个造型要和第一个造型同样表现一个"华丽"的主题，而在表现的形式上要产生强烈的反差，经过思量，我决定用与第一套造型在色彩有着强烈反差的黑色来表现。使用了减法原则，抛弃了所有表面上的形式，而利用复古的妆面与简约时尚的现代造型搭配，碰撞出同样透出华丽高贵的整体形象。我觉得表面的造型大家都可以完成和模仿，而要透过表面去表现更高层面，各方面知识与内涵就尤为重要，在这里我也想与更多的造型同行一起分享我的想法并共同学习。

**白色婚纱**

　　层层叠叠的头纱，缀满璀璨的水钻，白色的假发更加映称白皙的肌肤。优美的剪裁曲线，带有宫廷气息的玻璃褶皱纱，搭配水钻亮片的奢华感婚纱，在秋季完全可以满足新娘对华丽的渴望。

**黑色晚礼**

　　瓷白的皮肤，烟熏的眼妆，强调脸部立体感的腮红，加上酒红色的唇膏精心描画的嘴唇，显得华丽而冷艳。仿佛女祭祀一样的长长裙摆一直散落到地面，呼应肩脖处的黑色水钻，黑色的裙身通过褶皱折射出华丽的光芒。

# 服饰DIY花絮

出镜造型师
**闫琰**
江苏省连云港市非常印象婚纱摄影馆造型总监
获得"今日人像"2008年造型精英大赛八强
称号

左起　刘锐（场务）、闫琰（造型师）、贾炜（摄影师）、小杰（摄影师）
前排　朱萍（造型师）、邱菲（模特）

## 编辑手记

　　无可否认，华丽风格的造型最能让人眼前一亮。但是在呈现华丽之余，还要彰显高贵典雅的气质，所以注意搭配是华丽风格的基本原则。本期闫琰的两款造型，服装的款型较为简约，这样反而凸现高贵，但在配饰上，造型师下了颇足的功夫。无论是缀满水钻的白纱，还是立体饱满的黑纱，闫琰给我们展示了出色的抓纱技术。在妆面上，五官被刻画得精致完美，让女人成为秋冬的焦点。

双面夏娃

东方古韵 VS 异域摩登

造型　张浩然

摄影　孙超　服装　覃仙球

场地提供　西厂影像

模特　张文

## 张浩然技巧讲解

● 这款造型重点打造模特端庄且不失性感的东方气质，妆容用色要柔美而干净，因此面部妆容选用淡橙色，搭配浓烈性感的红唇，制造出恬静的性感氛围。

● 高级灰色眼影相对较暗，明度偏低。在涂抹的时候建议每次尽量少取，增加涂抹的次数，使颜色层层叠加在上下眼睑部分，打造出精致而有层次的眼部妆容。不可一次涂抹过多的眼影粉，以免出现难看的熊猫眼。

● 头部用夸张的头纱来装饰，因此发型一定要简洁，为突出东方美，发型设计选用古典而随意的造型。

● 在服装的选择上，突出色彩的鲜明反差，注重面料质地的互补搭配，厚重的礼服与轻盈的头纱相互映衬，体现出柔美而充满力量的感觉。

### 妆面步骤

**1** 选用高级浅灰色眼影在上下眼睑处大面积晕染，注意层次过渡。

**2** 刷上睫毛膏，然后用深灰色眼影在睫毛根部进行晕染，突出眼妆的层次感。

**3** 用淡橙色腮红在颧骨及下眼睑处进行大面积晕染，再用金色眼影粉提亮，使面部肤色更具光泽。

**4** 勾画出完美唇形，选择颜色饱满的红色唇彩涂满整个唇部，使双唇更性感。

### 发型步骤

**1** 头发前后分区，前区两侧头发自然垂落于脸颊，勾勒出柔美的东方韵味。

**2** 将后区头发以马尾形式固定。

**3** 将头纱叠层，固定于头顶前后发区的分界处。

**4** 整理头纱造型，塑造出蓬松空气感。

## 张浩然技巧讲解

● 用与肤色相近的粉底突出柔美光滑而轻薄的肤质，带有微粒珠光粉的腮红使面部更加红润健康。

● 浅金色眼影粉在眼球凸起处涂抹提亮，是眼妆的点睛之笔。另外，千万不可忽略对睫毛的处理，用具有浓密柔软功能的睫毛膏反复刷出诱人的双睫。

● BOBO头的设计富于动感，线条简单干练，突显时尚简约的冷艳气质。修剪时，一定要注意检查两边是否对称。将刘海剪成齐刘海，长度在眉毛与眼睛之间。

### 妆面步骤

**1** 用大地色眼影给眼部妆容打底，然后用浅金色眼影粉在眼球凸起处进行提亮处理。

**3** 用大号腮红刷蘸取适量带有微粒珠光粉的玫瑰粉色腮红，采用斜向上手法均匀刷在颧骨位置。

**2** 靠近睫毛根处用深棕色眼影晕染，刷上睫毛膏，使眼睛看上去显得更加深邃。

**4** 用纯度很高的玫瑰粉色唇彩对双唇进行精细描画，使唇部看起来更加饱满且有轮廓。

### 发型步骤

**1** 将前刘海梳齐，用发剪沿眉毛的高度水平修剪，刘海要盖住眉毛。

**3** 剪发时要时时注意两侧发型的对称，并整理出圆滑而饱满的弧线。

**2** 沿耳际线向前修剪两侧发丝，剪刀斜向下成一定角度打理出发尖。

**4** BOBO头整个轮廓看上去要圆润流畅，使发型更具建筑感，整体造型前卫而现代。

**195**

### 古韵东方

　　精致的妆容，端庄柔美又不失性感魅力，搭配充满古典气息的发型设计，整体造型弥漫着东方的神秘色彩。服装仅选用红、白两色的小礼服裙，色彩对比鲜明。没有附加过多的细节，大蝴蝶结的装饰使服装看起来简约而不简单。头顶飘逸的白纱更是散发着一丝空灵的味道，很好地诠释了古韵东方的主题。

### 异域摩登

　　质感通透的健康肤色，高饱和度的唇彩，简洁而充满力量的BOBO发型，一切都传达着摩登的时尚潮。这款造型在强调BOBO发型的同时，特别要注意妆面的打造。玫瑰粉色腮红中的微量珠光元素，很好地强调了皮肤的光泽感与通透度。服装延续简约主义与华丽风格的结合，整体造型洋溢着明快时尚的基调。

## ▰▰▰ 服饰DIY花絮

**出镜造型师**
**张浩然**
2007年签约东田造型，
新生代优质造型师
2004年中国传媒大学影
视艺术学院，主攻化妆
造型专业
2003年毕业于国际标榜
美发造型学院

## 造型师手记

　　夏娃，女人最初的称谓。她的诱人源于她的善变。本期造型实战，我仔细揣摩编辑设计的主题，决定以简代繁、深入浅出地展现女人的双面性情。第一款造型要在端庄中保持适度的张扬。我选用低调的浅灰色眼影描画出层次感分明的眼妆，为了提亮面部，选用金色眼影粉淡扫双腮。高调的红唇增加了妆面造型的性感指数，整体造型在端庄中激艳着东方的万种风情。第二款造型强调时尚摩登感，选用时下流行的BOBO头衬托健康妆容。服饰的选择也以简约为主要基调，抛弃传统而繁复的长款礼服，活泼俏丽的小礼服更能呈现青春逼人的气息，两款造型直观地呈现出女人截然不同的两面。

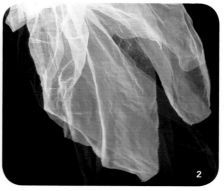

　　1、把大红灯芯绒布制作的蝴蝶结缝到缎面小礼服的侧面，使服装造型不流于平淡。

　　2、将轻盈的白色网眼纱叠层，抓出飘逸的效果。

　　3、主创团队合影：
服装师覃仙球（左1）、造型师张浩然（左2）、
摄影师孙超（右2）、模特张文（右1）

## 编辑手记

　　造型师张浩然在对两款造型的掌控上显示出很强的职业敏感性。首先，对妆容的刻画精细而巧妙。第一款妆容，明明是纯美端庄的样子，却透着那么一股子性感和妖娆。第二款妆容，模特的五官被描画得完美而精致，对发型的设计也在简单中体现出当下的时尚潮流。其次，两款造型的服装款式都非常简约明快，色调对比强烈。面料的选择上，缎面与纱裙的质地互补搭配。可以说，塑造一款优秀的造型作品，无论妆面、发型，还是服装的选择，每一个细节都不容忽视。

点评嘉宾 雪松

东田造型兼曦烽社化妆
艺术总监

曾任北京吉芬服装春夏
时装秀首席造型师

曾CCTV《美人坊》嘉
宾主持，特邀化妆师

2006年范思哲北京王府
饭店周年庆典时装秀首
席造型师

2006中国纺织摄影协会
时装摄影比赛最佳化妆
奖

2009年中国国际时装周
彩妆造型大赛银奖

# 蕾丝发饰

将蕾丝巧妙地运用到发型中，
打造极具女性柔情的造型

1

造型师想法独特，创新意识强，既突出了主题的元素，又使美的东西第一眼呈现给了大家。

### 造型1：

红色的运用给人醒目的视觉效果，蕾丝的剪切让造型看上去颇有新意，红色眼线和红唇都得到了很好的呼应，细节处理还可再精致一些。

### 造型2：

蕾丝运用得比较有创意，裁剪溶入了时尚的元素和主题有着很好的呼应。黑色的唇型与黑色蕾丝的结合十分完美。

### 造型3：

造型师运用了白色为主色调，非常有创意。使用白色的粉在光滑的发丝上印上蕾丝的图案，加上白色眼线与睫毛的搭配，整体感觉新颖又脱俗。

吉杨菲

曦烽社

齐齐哈尔市巴黎婚纱摄影集团

贾絮

**造型1：**

整体造型协调，大方，但眼睛处理给人不够明了，睫毛的修饰不够。

**造型2：**

婚纱的造型已经用了很多年，但创意的美就不是很多人能去突破了，所以造型太平常，新的元素不够，这样看上去没能与影楼的常规作品拉开距离。

**造型3：**

造型夸张大胆，表现十足的女人味，唇型与红色玫瑰呼应，但不太明显。

## 雪松点评：

整体来看妆面干净唯美，但要在细节上多加练习。

妆面干净，拉长的眼线使得眼睛看上去有些夸张，造型简单，头发的纹理过于繁乱，没有层次，蕾丝也运用得过于简单。

河南开封尚视觉摄影工作室

**刘丹**

**造型1：**

整体造型简单，妆面重点在眼睛，但是眼型不够完美，蕾丝的位置也不是特别明显，没有给人耳目一新的感觉。

**造型2：**

整体造型唯美，漂亮蕾丝的运用也恰到好处，上下呼应也很到位，不足之处就是细节部分处理还不够精致。

李青柠
重庆都市传奇摄影

## 雪松点评：

整组作品妆面干净，细节处理不够，造型新意不强。

**造型1：**

造型简单无新意，眼睛的处理太过死板，看上去太过刻意，上下的呼应也没有起到承上启下的效果。

**造型2：**

妆面干净，依然是眼睛部分处理的不到位，眼影的过渡与细节都没有体现出来，造型还算不错，但是新意不够，只是照搬了以前常用的一些元素。

**造型3：**

整体造型看上去比较唯美，但是对于主题还是没有太多的想法，只是为了主题而添加一些蕾丝，这样看上去就会有种画蛇添足的感觉。

# 黑白配

关键：
黑与白的碰撞，
呈现出或硬朗、
或经典的写真
造型。

黑与白的互相冲撞、相互交错，却能演绎出淡雅精致和超凡脱俗，干净的黑白组合越简单却越性感。本期主题考察造型师的搭配能力，黑白配色不只局限于块、面的模式，不规则的图案也可以运用其中，但都要注意搭配均衡才能让整体看起来更加干净利落，更加透气。

**特邀点评嘉宾**
**赵元**
第二届中国十大青年发型师——2004年
第三届中国十大青年化妆师——2005年
2006年中国十大魅力形象设计师
2007年度造型师
2007年奥运造型设计大赛特邀评委
2007年中国十大慈善造型师
PAUL MITCHELL形象设计总监

**1**

贵州珏希造型（工作室）

# 刘珏希

整组图片风格丰富，服装造型特点突出，色调合适舒服。

### 造型1:

白色的小礼服，配以宽腰带，在配上哥特式的妆面，整个造型非常颓靡。白色的假发运用的很好。

### 造型2:

尽管还是用黑色腰带搭配小礼服，但造型而却体现出另一种风情，将女性的性感和女人味展现。只是小礼服好像穿得有点低，好像随时要掉下来的感觉。

### 造型3:

可以看出造型师还是很有想法的，头上用黑白的毛线团来呼应黑白相间的针织衫，妆面也用黑色眼线黑白色的油彩来呼应。

造型师

# 贾蕾

1

2

3

整组作品艺术感运用得当，黑白对比明确。

**造型1：**

发型简洁大方，妆容肌理清晰，突出了发饰与妆面的效果，白色裹纱的衣服还不错，妆也很好看，但PS有些过重。

**造型2：**

服装设计鲜明，光影调子不错，轮廓感强，眼神犀利，肤质平滑，影调上再有些渐变就好了，帽饰影响了发型的样式与化妆样式。

**造型3：**

用光考究，对比明显，黑白运用相得益彰，很艺术地体现了化妆和造型，服装也很到位，片子不多但这张最吸引我。

　　强烈地突出了主题，对发型的处理手法丰富，两款发型各有千秋。

## 造型1：

　　整体造型很摩登，妆面精致立体，发型高贵摩登，眼睛和黑色手套的搭配很合适，但手表有点多余。

## 造型2：

　　模特服装搭配紧扣黑白主题，妆容尚可，但发型太显随意，如果改变一下色度，再细致点会更好。

杜艺双

常熟亲密爱人彩妆总监

晶晶

大连纯印摄影工作室

造型师用丰富的元素，怀旧的风格温暖人心。

**造型1：**

假发打造的发型与服装饰品搭配合理，塑造出了模特的古典美，但是道具过于凌乱，减少一点会好一些。

**造型2：**

妆面清透明晰，但头部发饰缠绕太多，像绷带，反而没有很好突出主题，有头重脚轻之感。

**造型3：**

黑白主题准确，妆面不错，睫毛稍显生硬，刘海处理得不够精致。手套、羽毛去掉其一会更好，黑色在画面上过于集中。

1

# 好莱坞风格
## 造型解析

两款造型简约大气，倘若在细节上词再稍事推敲，造型会更加完美。

**造型 1：**

黑白色调的画面使造型极具经典复古的风情，发型简洁、高贵。妆面的细节应注意加强，眉毛再纤细立体些，眉头略加粗，眉尾加长，眼线加浓并微微上扬，可增加冷艳气质，并夸张眼尾处睫毛，使眼神更加媚惑。唇部彩应以暗色为主，用深浅不同的颜色过渡，塑造性感美唇。饰品选择应注重款式和质感。

**造型 2：**

画面色调华丽典雅，妆面和饰品及发色和谐统一，咖啡色眼影是塑造高贵气质的明智选择，如果再注重睫毛的角度和密度将更完美。饰品搭配略显凌乱。

梁义

大连梁义造型工作室

闫琰

连云港非常印象新派造型婚纱摄影

选用黑色诠释了赫本的经典造型。整体造型清新可人，特别是对眼睛的刻画把握，若在服装的选择上加强，会有更上乘的表现。

**造型 1：**

女孩美丽的大眼睛让人想起赫本的清纯高贵的经典形象，妆面清新亮丽。眉毛浓密但略显呆板，应采用仿真眉的化法，一根一根顺着眉毛的生长方向描画会更加真实生动。

**造型 2：**

体现经典的复古造型，应注重妆面色调的把握。眉毛，眼睛的处理跟赫本略有相似之处，但脸部立体感不够，应利用色彩的明暗关系使脸部层次分明，脸部轮廓突出。造型的发际线凌乱，线条不够流畅。

秦皇岛毕海传化妆造型第五大道化妆学校

谢北婷

**造型1：**

　　黑白影像非常适合体现复古精致妆容，因为拍摄角度的关系使妆面受到很大影响，亚洲人面部结构平淡，所用欧式眼妆比较适合，但要注意层次及睫毛的合理搭配。

**造型2：**

　　精致的帽饰，精致的妆容，基本把握了造型元素。如果再注重一些脸部的立体感就更加高贵冷艳。简洁时尚的元素依然盛行，当人物本身的气质与要求有距离时，可以适当用服装及饰品来渲染画面效果。

# 韩式新娘

韩式新娘，在容妆上要求精致，发型上要求简约、大气，饰品适宜使用小巧、别致的饰品。在本期的4位选手中，闫瑛的3款造型风格各异，梁桢的韩式新娘很有崔智友的明星气质，时争艳的造型有一点青涩和怀旧的意味，柳伟选择了清新淡雅的风格。落选选手的作品也不乏可圈可点之处，但都因整体风格不符而失利，其中问题大多集中在发型和饰品的运用上。望这些选手不要气馁，再接再厉。

——编辑
李莺璇

为体现韩式妆容精致、简约、唯美的特点，描画出精致的眼线，淡化唇部，配合线条流畅的发型，更加突显不施雕琢的造型。

## 特邀评委：范欣

2005 年中国十大化妆师
2006 年中国十大化妆师
三省视觉工作室化妆造型创意总监
北广传媒大学客座化妆讲师
长期为《时尚芭莎》、《时尚伊人》、《时尚健康》、《时装》、《风采》等时尚杂志拍摄时装大片及彩妆大片。

2

此款妆面与造型 1 的妆容是反其道而行的，淡化其他五官，重点突出精心描绘的深色唇部，显得成熟感性。

3

粉红色系的妆面是所有东方新娘的首选，打造这样的妆面首先要营造白皙透明的底妆，眼影和腮红选择极浅的粉红色，唇部使用珠光口红而非水润唇彩，使整体妆容显得恬静。

编辑部投票：★★★★★★★★★

连云港非常印象新派造型婚纱摄影

## 闫琰

## 编辑部点评：

闫琰这次的作品在编辑部一致通过，得了 9 票。之所以取得这么好的成绩，是因为在造型中她不仅很好地把握了韩式容妆唯美、精致、端庄的特点，还融入了妩媚、俏丽的感觉。3 款容妆各有侧重，造型 1 简约，造型 2 冷艳，造型 3 俏丽，但 3 款造型又同时做到了精致、唯美，不失为一组既适合影楼又具有欣赏价值的造型。需指出的是闫琰在饰品的运用上还需推敲。

## 范欣点评：

这 3 张作品在整体造型和主题的把握上都很到位，特别是妆容，把五官刻画得很唯美、精致，唇型立体饱满，眉型和眼妆之间的关系处理得很好，把韩式新娘柔美的东方气质表现得惟妙惟肖。略有不足的是造型 1 中发型和颈上的饰品有些冲突，配在一起很堵，没有透气感。造型 3 中也一样，发饰和手中的道具，同样都是花朵的元素，当它们出现在同一个画面中就会觉得累赘，去掉其一更好。

时争艳

天津灵尚冰点化妆摄影培训

编辑部投票：★ ★ ★ ★ ★ ★ ★ ☆ ☆

## 编辑部点评：

整体造型较符合主题，作品清新、淡雅。在造型2中发辫显得有些死板，真假发结合处也穿帮了，望选手以后多加注意。而造型3中编发很新颖，但也许是因为模特的头发较短，所以碎发很多，致使发型不够整洁。

## 范欣点评：

这组作品的主题很明确，妆容清新甜美，饰品搭配也很得当。

**造型1**：透着股浓浓的怀旧色彩。

**造型2**：假发运用欠佳，黑色的发辫有些粗，看上去很厚重，真假发的结合上也有些漏洞，不够灵活，可以处理得再精致一些。

**造型3**：在发型中结合了编发的手法，配上近乎透明的裸妆，呈现出了一个活泼俏皮的可爱新娘，给人耳目一新的感觉。

1 富有华贵的皇冠，配合韩式包发，主次分明，极富怀旧情怀。

2 采用韩式流行的发辫，以麻花辫为主，整个发型结构大气，没有过多的饰品，但在简约中带有一丝贵气。

3 用模特本身的头发，采用韩式编辫法，刘海头发的走向斜向后方，加上佩戴珍珠发饰，使模特看上去精致，小巧。

1

这款造型所想诠释的是韩国新娘典雅、高贵气质，中规中矩的中分发线，微卷的发尾轻拢在耳后，自然真实的眉色，中性的色彩，饱满清晰的唇型，塑造端庄却不失活力，甜美却不甜腻的韩式新娘。

2

内敛、含蓄、温柔，充满浓浓女人味是韩国新娘最大的特色，这款造型整齐、饱满、线条流畅的发型体现模特恬静、温婉的气质，并略带着一丝母性情怀的优雅与端庄。

3

丝丝缕缕的发丝象征韩式新娘的细密心思，淡紫碎花的点缀，让模特由内而外散发温柔的小女人味，蕾丝、碎花、简约发髻，塑造小巧甜美的韩国小新娘。

编辑部投票：★★★★★★★★☆

## 编辑部点评：

　　梁桢在整个造型中始终把握了韩式新娘温婉、含蓄、高贵、端庄的特点，容妆干净、精致，五官的刻画也很好，发型简洁流畅，饰品的运用点到为止。整组造型唯一有点遗憾的是容妆没有随着造型的变化而改变，虽然现在也没什么不妥的地方，但如果做到了，会给我们更多的惊喜。

## 范欣点评：

　　这组作品紧扣主题，整体造型优雅端庄。造型1中发型与头饰搭配得很别致，跟服装也很和谐统一，眼睛上的色彩可以再明亮些，看起来会更加有神，相反眉毛则可以再清淡自然一点。造型2中模特的脸型更适合梳偏分，中分会使模特的脸型看上去很圆，而且年龄偏大，如果配上饰品会好一些。

梁桢

黄山维纳斯婚纱

韩式礼服衬托出韩国女人的典雅含蓄、温婉柔美。蓬松的发型随意自然，给人以清新自然感觉。

这款韩式新娘比较有现代感，清透自然的妆面，突出新娘的柔美感和时尚感，眉型及唇型极为自然，体现出新娘的楚楚动人和妩媚。

这款韩式新娘比较具有华丽的气息，高耸别致的盘发造型，用一个小皇冠来突出新娘的端庄富贵。

柳伟

诸暨大唐星期八造型沙龙

**编辑部投票：**

★ ★ ★ ★ ★ ☆ ☆ ☆ ☆

### 编辑部点评：

选手是一位美发师，所以发型处理得灵动、有层次，可这样的发型较生活化，此外选手在饰品的选用上应多下功夫，图1中的小皇冠与服装搭配不当。

## 范欣点评：

这几款造型在风格上较能把握住主题，整体妆容及发型都很简约大方，尤其是造型3，发型、妆容及饰品之间结合得很巧妙，将韩式新娘的高贵典雅表现出来。相比较其他两幅作品在饰品运用上出现了一些问题。造型1中的小皇冠无论是配这款发型还是服装都会给人不太协调的感觉，造型2中的发型也需要一个恰当的饰品去点缀。

# 未来主义

关键：
强调轮廓、闪光材质面料、
金属感的妆面

特邀点评嘉宾

**任立**

获"中国化妆十佳"、
"中国十大化妆师"称
号，是国内唯一同时获得
影楼和时尚两大最高殊荣
的化妆造型师
国家级化妆考评员
《中国美容时尚报》封面
造型特邀化妆造型师、撰
稿人，《红楼情》剧组主
创化妆造型师
出版新书《黑光影楼化
妆造型宝典》、《新娘
100%》的主创化妆造型
师
其作品常年刊登发表于
《今日人像》、《人像
摄影》、《中国美容时尚
报》、《美容化妆造型》
《瑞丽》、《LADY》、
《黑光影楼网》杂志等全
国时尚权威媒体
现任黑光摄影化妆培训学
校执行校长

1

**杜艺双**

常熟亲密爱人婚纱摄影彩妆总监

**造型1：**

这是一款将银色软管配合后期数码设计合成的一组化妆造型，通过银色粉底涂在脸型外轮廓，配合白色假睫毛，通过全新的质地和效果来结构化勾勒脸部的特征，使之更具现代感。这种创新思维的设计，正符合超前思考，立足未来的主题。

**造型2：**

造型的色彩被赋予激情与活力，红色与黑色的搭配，像彩色有机玻璃一样闪烁透明。眩色背景中发出霓虹一般的光晕，像60年代丹·弗莱温的荧光灯装置。热烈的红唇、飞扬的长发，张扬得让人不安。脸部的黑色装饰、色泽与衣服相配。

**造型3：**

造型采用银色质感、大黑镜框和超低胸设计，整体服饰的组合将女性的内心世界表达得极其张扬。但我想强调的是彩妆变得越来越情感化，它不仅仅只是一个"妆容"而已，若这款妆容能通过色彩与手法再进一步表达女性情感会更好。

3款造型中，造型1颇有戏剧化的效果，造型师用极具未来感的银灰色来表达主题，并借助后期来达到视觉效果，让人联想到好莱坞大片中的未来人物。创意很好，但人物稍许缺乏美感。造型2、3中，闪亮的漆皮裙、金属质感紧身裤，适当的金属质感的服装让平凡透过闪光变得更耀眼，未来主义不需要夸张的高科技造型，不需要如同刚刚落地的ET装备一般的配饰，而是在借鉴基础上更显时尚化。

**奇奇**

武汉施华洛婚纱摄影会所

　　3款造型利用现代感的几何图形或简洁硬朗的设计图案，塑造出未来和宇宙的想象空间。光盘、键盘、鼠标这些道具的运用，表达过于直白。应该在人物的造型与服装上多下功夫。

## 造型1：

　　这款造型用古铜色肌肤来表达未来的潮流，若肌肤的质地通过橄榄油涂抹全身，肤质效果会更好。天际般的眼线，唇中央那一抹深色，硬壳纸拼接成的衣服，这些极强的设计，映射出了在先锋前卫潮流中可以看到的、无可争辩的时尚与美妙。

## 造型2：

　　这款造型直接从电脑键盘和鼠标中取材，想法不错，只是与婚纱的搭配不太和谐，妆容采用了苍白自然的裸妆，上翘的假睫毛可以处理得再柔和一些。

## 造型3：

　　这款造型运用光盘打碎再拼接的质地、三维以及光影的结合，设计成衣服与饰品，创造出带有侵略性的科技感。仿佛笼罩在月雾下的肌肤，苍白的双唇，眼底的那一抹亮色，还是让妆容呈现出一些科幻神采。

## 2

重庆都市传奇摄影工作室

向春锦

　　3款造型在简洁线条，金属光泽，轮廓裁剪中寻找未来的感觉。妆面上，眉毛的处理有些传统，眼线略显生硬，在粉底和眼影中应加多一些金属的成分。发色可以有所突破。

### 造型1：

　　造型围绕着肌肤、质感，设计出透明自然的妆容，配合立体如雕塑的造型设计，使这款造型极富有科幻感和制作感。若模特的脸型再立体感一些会更好。

### 造型2：

　　这款妆容采用柔砂哑光的粉底，细洁致密的高光，黑色的微烟熏，橙色的唇彩表达主题，只是微烟熏的晕染层次还需更完美。特殊材质的大红衣服使这款妆容多了些前卫的印象。

### 造型3：

　　服装材料选用工业金属色，使其散发出闪耀的金银纱质感。眼影里中加入黑色和灰色，熏黑成迷人的烟熏。发型上的耳麦与整体显得有些不搭调。若以服装的色泽为主，其他妆容和发饰设计都向其靠拢会好更些。

李晶

郑州禧年新时尚化妆摄影培训学校

**造型1：**

　　完美彩妆不仅仅只是简单的涂脂抹粉，利用晶亮润肤乳等新闪烁的提高产品，创造出带有侵略性的科技感肌肤质地。白色的假头套，银色的圆球，在视觉上还是有较强的冲击力的。

**造型2：**

　　这是一款有些慵懒气息的妆容造型，欧式眼妆被打造的十分干净，精致而优雅。唇妆并非重点，而胭脂也只是肉粉色轻扫。唇部是一种柔软自然的裸色，头部的黑色大蝴蝶结与礼服上的层层黑色，使整体显得过于繁琐。

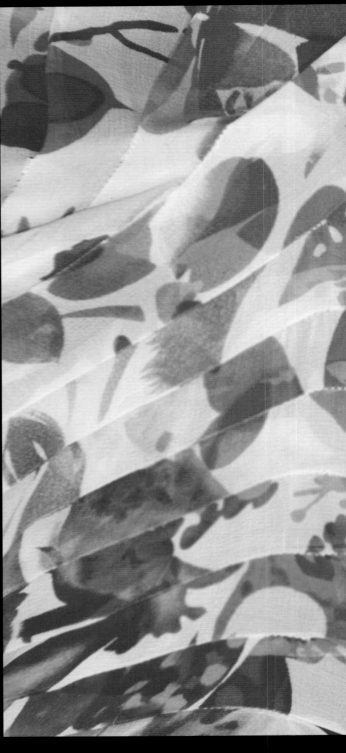

# 艳夏的脚步
# Summer is coming

摄影 / 周宏　文 / Hanson

艳夏将至，我心已向往深巷尽头的那一抹树影，最想留住这惬意妩媚的温柔。

为了这理想中的场景，我寻遍周边的村落街道。在一次拍摄途中，我不经意地邂逅了这里……朴实无华的老房子，茂密的大树，粗陋的石板路，没有雕凿的痕迹，一切景物自然得不能再自然的地方，却让我想拍出最好的片子。

不需要欧陆景色西洋建筑，那不是我们的东西，我渴望用我们自己的语言描绘出独特的美。运用的人物道具都和环境形成强烈的对比，在这种极致中，我的灵感得到无限的伸展。卷发松懒地披在柔美的纱裙上，把温柔和妩媚尽情地袒露在斜阳之下。我寻光而去，门廊和墙脚，逆光或疏影，都一一录下。构图时，我尽量保持一种随意性，把过往的刻意经验统统丢掉，让片子透露出质朴的味道，使人的情感与姿态惬意地倾泻在这午后的阳光里。后期修片的手法，我也努力不着痕迹，回看影像，我不知道成功与否，但我觉得这次有趣的尝试

# 精灵

图文 / M.O.K

## 服装本身充满了暴力美学

这组照片是广州美院学生的毕业设计作品《INNER》。设计师告诉我这三套服装灵感来源自暴力主义美学，关于人体内部器官与外界的客观联系，用服装向我们展示了熟悉但从未客观观察的身体内部与世界的联系。

我觉得这些裙子无论是局部还是整体，像鲜血浸染过，夸张的细节、膨胀感的设计等都有暴力的元素。我决定选择郊外无人的树林拍摄并在画面上尽量强调美，而非暴力。于是请来我的匈牙利好朋友 NOEMI 担任模特。我希望她就像平日里跟我在一起时一样的自然表现，情绪上无需掺入太多，切忌太过夸张。沟通过后很快她便理解我的要求。NOEMI 用时而迷离时而无邪的眼神天然演绎，在林中既像精灵又像是就生在林中的一种植物。裙子像被一篮子桑葚浸染过，她像个调皮但终归乖巧的孩子，在午间无人的林间玩耍、休憩和等待。

## 从自然出发，展示纯生态之美

整个拍摄过程采用全自然光源，没有助手，没有反光板。早上9点就到了树林，全部拍摄在10~11点完成。阳光透过茂密的树叶缝隙漏在她的身体和眉毛上，像洒了金粉。用自然的光，自然的妞，自然的妆，自然的表情动作，自然的拍摄手段，便生成了这组纯生态的服装片。

妆面我要求化妆师尽量干净自然，不要怪异，过分冰冷或血腥的，以免喧宾夺主抢了服装风头。

在后期上，我也基本保持原有色调，为使整个作品基调不至过于轻飘，我把自然的绿色处理成墨绿，强调深邃与神秘感。

值得一提的是时尚芭莎集团的老板在看完该组作品图片后看中并录用该服装设计师。

# 梦幻羽人

**摄影 / 赵阳**
**造型 / 龙龙**
**模特 / 班越**

　　创作这组片子其实很偶然，最初只是因为看到一片羽毛，我便想到了童话故事里的情节，长着羽毛的暗夜天使。于是我便与化妆师研究制作一件长满羽毛的衣裳。

　　这件服装花费了我们很多精力，我们先买了一个造型饱满的鸡毛掸子，然后把一件白 T 恤剪开，用胶将羽毛一根根粘在 T 恤上面，这样就花了一整天的时间。服装制作好后找来模特试穿，发现羽毛太多太满了，露出的皮肤部分太少效果不够好，因此我们再次研究，尽量按羽毛走向进行剪裁，露出合适的皮肤。在皮肤和衣服接触的位置，我们尽量让彼此贴服得更紧凑又显得自然，以便后期制作。由于剪裁得不是很规范，以至于服装无法真正穿起来，于是，我们又用线把各处缝接起来，这样才做到合适人体的线条曲线。妆面的处理跟化妆师沟通之后，色彩的应用上也是遵循羽毛的形状和颜色使之和谐统一。

　　拍摄的过程其实很简单，一盏八角顶灯作为主光，周围用反光板作为补光，使暗部细节能得到更多的体现，不至于光比过大。模特因为合作多次，又是舞蹈演员，所以表现得很默契，整个拍摄过程很顺利。但后期制作也是一个比较重要的环节，重要的有两点，首先为了羽毛更真实地贴合在身上，要把多余的面料修饰掉，在羽毛和皮肤的接触部分加上细小的绒毛。并且加长所有的羽毛长度，调整羽毛的走向。其次就是找来一些合适的星空的素材叠加在背景上，并将人物抠出，以增加魔幻的色彩。

　　其实这组片子在整体的操作上并没有什么特别之处，只要有想法，并且耐心和细心地把自己的想法付诸实践即可。

# 复古与时尚

**图 / 北京老屋　化妆造型 / 刘素红　摄影 / 李皆慧**

　　复古与时尚总是在潮流中翻来覆去，一旦流行即刻就能演变成龙卷风。无论流行哪个复古时期，人们都会一味地用拿来主义把它发挥得淋漓尽致，进而忽略了时尚与经典的巧妙结合。若先把握好流行趋势，再融入一些时代的人物特性，无论是在时尚中品味复古，还是在复古中品味时尚，都能赋予妆面造型真正的生命力，使其更耐人回味。

复古色彩的珠链、珍珠与金冠包裹着含苞欲放的花朵，像是少女的心事，欲诉还休……

细品每一幅作品都像是讲述一个故事，叙述一件心事，或是少女暗藏的情怀，或是浮华背后的哀伤……它总会让人浮想翩翩。